Aus dem Programm Thermodynamik

Grundlegende Lehrbücher:

Grundlagen der Technischen Thermodynamik, von N. Elsner

Technische Thermodynamik, von K.-F. Knoche

Grundbegriffe der Thermodynamik, von D. Leuschner

Ergänzende Lehrbücher:

Thermodynamik, von I. Müller

Thermodynamik, Bd. 1: Gleichgewichtsthermodynamik, von H. Stumpf und A. Rieckers

Thermodynamik, Bd. 2: Nichtgleichgewichtsthermodynamik, von A. Rieckers und H. Stumpf

Statistische Thermodynamik, von E. Schrödinger

Karl-Friedrich Knoche

Technische Thermodynamik

für Studenten des Maschinenbaus
und der Elektrotechnik
ab 1. Semester

3., durchgesehene Auflage

Mit 131 Bildern

Friedr. Vieweg & Sohn Braunschweig / Wiesbaden

CIP-Kurztitelaufnahme der Deutschen Bibliothek

Knoche, Karl-Friedrich:
Technische Thermodynamik: für Studenten d. Maschinenbaus u. d. Elektrotechnik ab 1. Sem. / Karl-Friedrich Knoche. – 3., durchges. Aufl. – Braunschweig; Wiesbaden: Vieweg, 1981.
(Uni-Text)
ISBN-13: 978-3-528-23023-4

Verlagsredaktion: Alfred Schubert, Willy Ebert

1. Auflage 1972
2., vollständig überarbeitete Auflage 1978
3., durchgesehene Auflage 1981

Satz: Friedr. Vieweg & Sohn, Braunschweig

ISBN-13: 978-3-528-23023-4 e-ISBN-13: 978-3-322-86318-8
DOI: 10.1007/ 978-3-322-86318-8

Vorwort zur 1. Auflage

Die Fülle der im In- und Ausland zur Technischen Thermodynamik erschienenen Bücher könnte nur schwer ein weiteres Lehrbuch zu diesem Thema rechtfertigen. Dieses Studienbuch ist deshalb auch betont als *Vorlesungsbegleiter* konzipiert. Es soll dem Studenten das Mitschreiben ersparen, bietet also in knapper stichwortartiger Notierung die in der Vorlesung vermittelten Informationen. Dadurch wird der Leser auch nicht so leicht zum „Vorauslesen" verführt, hat aber jederzeit die Möglichkeit, das schon Verstandene nachzuschlagen und zu repetieren. Die Literaturhinweise am Ende eines jeden Abschnitts sollen zur weiteren Vertiefung des Stoffes anregen. Die Auswahl des Stoffes entspricht etwa dem Inhalt der an deutschen Hochschulen gehaltenen Einführungsvorlesungen in die Technische Thermodynamik. Im Vergleich zu bekannten Lehrbüchern wurden die quasistatisch polytropen Zustandsänderungen mit Rücksicht auf viele technische Problemstellungen etwas ausführlicher behandelt.

Einer anschaulichen, insbesondere den Ingenieur ansprechenden Darstellung wurde – wo immer es ohne allzu schwerwiegende Einbußen an genauer Begriffsbestimmung möglich war – der Vorzug gegeben. Speziell bei der Einführung des zweiten Hauptsatzes wurde zunächst eine anschauliche Interpretation statistischer Gedankengänge versucht und darauf aufbauend die Aussagen des zweiten Hauptsatzes in Anlehnung an die Formulierungen von R. Haase (Thermodynamik der irreversiblen Prozesse) postuliert.

Herrn Professor *Bošnjaković* verdanke ich zahlreiche kritische Anmerkungen und Verbesserungsvorschläge. Ebenso danke ich Herrn Dr. *J. Keller* für die kritische Durchsicht eines Teils des Manuskripts. Herr Dipl.-Ing. *H. Roertgen* hat mich beim Gestalten des Manuskripts durch viele wertvolle Anregungen und außerdem beim Korrekturlesen und bei der Vorbereitung der Diagramme sehr unterstützt; ich möchte ihm hierfür ganz besonders danken.

Aachen, im April 1972 *K. F. Knoche*

Vorwort zur 2. Auflage

Für die 2. Auflage wurde das Konzept des Studienbuches als Vorlesungsbegleiter konsequent beibehalten und durchgeführt. Gegenüber der 1. Auflage wurden nur geringfügige Änderungen und einige Umstellungen vorgenommen.

Herr Dr.-Ing. *A. Maurer* hat das ganze Manuskript sehr kritisch durchgelesen; ihm verdanke ich zahlreiche wertvolle Verbesserungsvorschläge. Ich bin ihm außerdem für sein sorgfältiges Korrekturlesen sehr zu Dank verpflichtet.

K. F. Knoche

In der 3. Auflage sind einige Berichtigungen vorgenommen worden.

Inhaltsverzeichnis

1 Grundbegriffe

1.1 Thermodynamisches System

Ein thermodynamisches System ist die zweckmäßige Abgrenzung einer bestimmten Stoffmenge oder eines bestimmten räumlichen Bereiches.

Thermodynamisches System

Die (gedachte) Grenze des Systems, die *Kontrollgrenze* oder *Bilanzhülle* ermöglicht die Registrierung aller in das System ein- bzw. aus dem System austretenden Massen- bzw. Energieströme.

Kontrollgrenze
Bilanzhülle

Beispiele eines Systems: Dampfkraftwerke, aber auch der Wasser- bzw. Dampfkreislauf in einem Kraftwerk oder die Dampfturbine; der Zylinder eines Verbrennungsmotors; eine Luftzerlegungsanlage; die Gesamtheit der Elektronen in einer elektrischen Entladung; ein Volumelement in einer strömenden Flüssigkeit.

Das System kann von seiner Umwelt völlig isoliert sein, so daß es mit anderen Systemen weder Masse noch Energie austauscht. Ein solches System nennt man *abgeschlossenes* oder *isoliertes System.*

abgeschlossenes (isoliertes) System

Wenn kein Massenaustausch zwischen dem System und anderen Systemen vorliegt, aber Energieaustausch möglich ist, spricht man von einem *geschlossenen System.*

geschlossenes System

Bei einem *offenen System* sind sowohl Massenaustausch als auch Energieaustausch zwischen dem System und anderen Systemen möglich.

offenes System

Baehr [2] S. 9–10; *Haase* [11] S. 2; *Grigull* [9] S. 10

1.2 Zustand und Zustandsgrößen; Prozeß

Der Zustand eines Systems wird durch eine Anzahl Parameter charakterisiert, so z. B. der Bewegungszustand (Mechanik) durch Angabe der Lage und der Geschwindigkeit, der Spannungszustand (Festigkeitslehre) durch Angabe des Spannungstensors. In der Thermodynamik wird nicht nur der *äußere Zustand* (Bewegungszustand), sondern auch der *innere Zustand* eines Systems möglichst genau beschrieben.

äußerer Zustand
innerer Zustand

Dies wäre im Prinzip denkbar durch eine möglichst genaue Angabe des Bewegungszustandes aller einzelnen Moleküle *(Mikrozustand):* ungeheuer große Zahl von Gleichungen. Erfahrungsgemäß genügen aber einige wenige Parameter zur eindeutigen Kennzeichnung des *Makrozustandes.*

Beispiel: Der innere Zustand eines Gases in einem Druckkessel kann i. a. eindeutig durch die Masse m, das Volumen V und den Druck p des Gases angegeben werden.

Zustandsgröße

Eindeutige Beschreibung des *Zustandes* eines Systems ist in der Regel durch einige wenige Parameter, sogenannte *unabhängige Zustandsgrößen* x, y, . . . (z.B. Druck p, Volumen V, Masse m, . . .) möglich.

Alle meßbaren Eigenschaften des Systems hängen im Rahmen der Meßgenauigkeit nur von diesen unabhängigen Zustandsgrößen ab, d.h. jede beliebige Eigenschaft φ des Systems kann als Funktion der *unabhängigen* Zustandsgrößen x, y, ... beschrieben werden:

$$\varphi = \varphi(x, y, \ldots).$$

Die Wahl der Zustandsgrößen x, y, ... ist dabei beliebig, solange sie wirklich voneinander unabhängig sind, d.h. zwischen ihnen *kein* funktionaler Zusammenhang

$$F(x, y, \ldots) \equiv 0 \qquad (1.2\text{-}1)$$

gefunden werden kann[1]).

intensive Zustandsgrößen

Intensive Zustandsgrößen eines Systems sind unabhängig von den im System enthaltenen Stoffmengen.

Beispiele: Druck p, Temperatur t, Dichte ρ.

spezifische Zustandsgrößen

Spezifische Zustandsgrößen sind auf die Menge (z. B. Masse oder Molzahl) bezogene Zustandsgrößen, wie z. B. das spezifische Volumen v [m^3/kg], die spezifische Energie e [J/kg].

extensive Zustandsgrößen

Aus einer spezifischen Zustandsgröße z erhält man eine *extensive Zustandsgröße* Z eines Systems, indem man z. B. über alle im System enthaltenen Massen integriert

$$Z = \int_{\text{System}} z \, dm \qquad (1.2\text{-}2)$$

---

1) Zum Beispiel sind das Volumen V, die Masse m und die Dichte ρ nicht voneinander unabhängig, sondern über die Definitionsgleichung der Dichte $\rho - m/V \equiv 0$ miteinander verknüpft.

speziell bei homogenen[1]) Systemen:

$$Z = mz \tag{1.2-2a}$$

Vorgänge (Prozesse) verursachen eine Änderung des Zustandes eines oder mehrerer Systeme.

Prozeß und Zustandsänderung

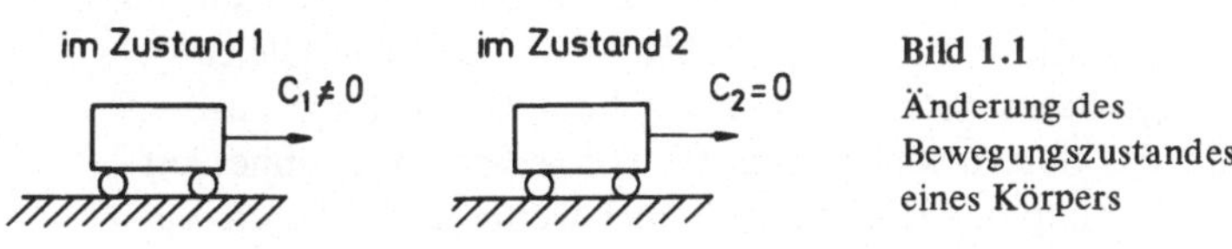

Bild 1.1
Änderung des Bewegungszustandes eines Körpers

Hinreichende Kennzeichnung der ***Zustandsänderung*** der Bewegung:

Zustand 1 (mit $c_1 \neq 0$) → Zustand 2 (mit $c_2 = 0$).

Die Kennzeichnung dieser Zustandsänderung ist nicht hinreichend für den Prozeß: Die gleiche Zustandsänderung kann erreicht werden durch z.B.

a) Abbremsung des Körpers durch Reibung (Reibungsprozeß)
b) Verzögerung des Körpers unter Hebung einer Last (Verzögerungsprozeß).

Zur genauen Kennzeichnung eines Prozesses muß also neben der Beschreibung der Zustandsänderungen noch angegeben werden, *wie* die Zustandsänderungen bewirkt werden. Die Prozeßbeschreibung ist somit umfassender als die Beschreibung der damit verbundenen Zustandsänderungen.

Ändert ein System seinen Zustand derart, daß es von einem Anfangszustand ① über Zwischenzustände wieder in den Anfangszustand ① zurückkehrt, so hat es einen *Kreisprozeß* durchlaufen. Für jede Zustandsgröße φ gilt dabei

Kreisprozeß

$$\oint d\varphi = 0. \tag{1.2-3}$$

Umgekehrt können wir φ als Zustandsgröße ansehen, wenn für jeden beliebigen Kreisprozeß Gl. (1.2-3) gilt.

Grigull [9] S. 11–12; *Bošnjaković* [4] S. 1; *Baehr* [2] S. 10–16, 26–29

1.3 Natürliche Vorgänge und Gleichgewicht; Temperatur

Natürliche Vorgänge (*Natürliche Prozesse*) laufen ohne äußeres Zutun „von selbst" ab.

Natürliche Prozesse

1) In einem homogenen System ist der Zustand in allen Teilen des Systems gleich.

Beispiele: Abkühlung eines erhitzten Körpers, Auflösung eines festen, flüssigen oder gasförmigen Stoffes in einem „Lösungsmittel"; Verbrennung und andere chemische Reaktionen; Abbremsung von Bewegungsvorgängen durch Reibung.

Gleichgewicht

Erfahrungssatz:

In einem isolierten System ändert sich der Zustand durch natürliche Vorgänge höchstens bis zu einem Gleichgewichtszustand. Dieser zeichnet sich dadurch aus, daß das System ohne Eingriffe von außen (d. h. ohne Aufhebung der Isolierung) keiner weiteren meßbaren Veränderung seines Zustandes fähig ist.

Dieser Erfahrungssatz gilt nicht unbegrenzt. Zum Beispiel wird für das Universum in den uns zur Verfügung stehenden Zeiten keine Einstellung eines Gleichgewichtszustandes beobachtet, ebensowenig für Systeme sehr kleiner (molekularer) Abmessungen.

Da die Gesetze der Thermodynamik auf diesem Erfahrungssatz aufbauen, sind sie nicht anwendbar auf solche Systeme, bei denen die Einstellung eines Gleichgewichtszustandes nicht vorausgesetzt werden kann.

Zustandsänderungen bis zur Einstellung eines Gleichgewichtszustandes können auch in solchen – nach außen isolierten – Systemen beobachtet werden, bei denen zwischen den Teilen des Systems kein Druck- bzw. Konzentrationsausgleich stattfindet[1]). Ein solcher Vorgang ist durch Energieaustauschprozesse zwischen den Teilsystemen bedingt, die man als thermische Wechselwirkung oder Wärmeaustausch bezeichnet.

Der spezielle Gleichgewichtszustand, der sich nach thermischer Wechselwirkung zwischen zwei Teilsystemen A und B in einem nach außen isolierten System einstellt, wird auch als *thermisches Gleichgewicht* bezeichnet.

Temperatur

Definition der *Temperatur:*

Systeme im thermischen Gleichgewicht haben dieselbe Temperatur.

Bošnjaković [4] S. 1f., 5

[1]) Z.B. dadurch, daß die Systemteile durch starre stoffundurchlässige Wände getrennt sind.

1.4 Nullter Hauptsatz

Nullter Hauptsatz (Erfahrungssatz): Ist ein System C mit einem System A und außerdem mit einem System B im thermischen Gleichgewicht, so befinden sich auch A und B im thermischen Gleichgewicht.

Nullter Hauptsatz

Grundlage der Temperaturmessung: Zwei entfernte Systeme A und B können mit Hilfe eines dritten C, eines „Thermometers", daraufhin untersucht werden, ob sie die gleiche Temperatur besitzen oder nicht.

Temperaturabhängige Eigenschaften von Systemen werden zur Temperaturmessung herangezogen;

Temperaturmessung

Beispiel: Volumen fester, flüssiger und gasförmiger Körper; elektrischer Widerstand; Thermospannung.

Bošnjaković [4] S. 2f.

1.5 Temperaturfixpunkte und empirische Temperaturskala

Temperaturfixpunkte (reproduzierbar): z. B. Temperatur des schmelzenden Eises festgelegt zu 0 °C; Siedepunkt des Wassers (bei Atmosphärendruck) festgelegt zu 100 °C.

Temperaturfixpunkte

Empirische Temperaturskala: Willkürliche Festlegung des funktionalen Zusammenhangs zwischen Thermometeranzeige (z. B. Volumenänderung) und Temperatur (z.B. lineare Zuordnung des Quecksilbervolumens zur Temperaturskala zwischen den Fixpunkten).

empirische Temperaturskala

Die empirische Temperaturskala ist abhängig von der verwendeten Thermometersubstanz und der Zuordnungsvorschrift.

Bei Gasthermometern (Thermometersubstanz aus schwer kondensierbaren Gasen; z. B. Wasserstoff, Helium) ist die Unterteilung weitgehend unabhängig von der Art des verwendeten Gases.

Gasthermometer

Prinzip des Gasthermometers: Volumen wird konstant gehalten. Druckmessung wird Temperatur zugeordnet (willkürlich):

$$\vartheta = \vartheta_0 \cdot \frac{p}{p_0} . \qquad (1.5\text{-}1)$$

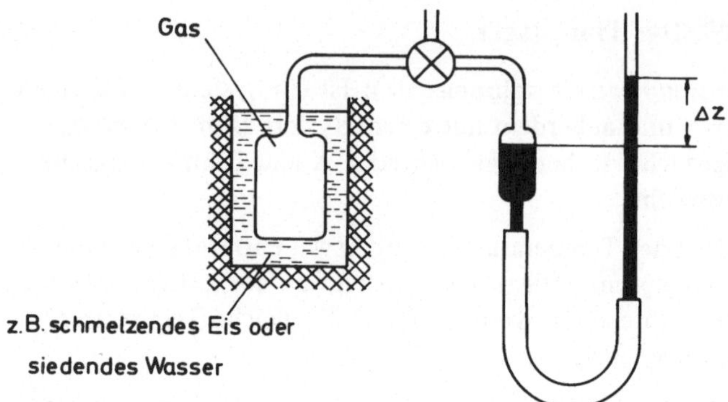

Bild 1.2. Prinzip eines Gasthermometers

Festlegung eines Temperaturfixpunktes ϑ_0 (nach Konvention Tripelpunkt des Wassers – Phasengleichgewicht zwischen festem, flüssigem und gasförmigem Wasser):

$$\vartheta_0 = 273{,}16^\circ. \tag{1.5-2}$$

Im Gleichgewicht mit siedendem Wasser ist dann die Temperatur nach Gl. (1.5-1) von der Art des Thermometergases weitgehend unabhängig, Bild 1.3. Für verschwindenden Druck erhält man die Temperatur des idealen Gasthermometers:

$$T = T_0 \cdot \lim_{p_0 \to 0} \left(\frac{p}{p_0}\right) \tag{1.5-3}$$

mit $T_0 = 273{,}16\,^\circ K$: Temperaturfixpunkt (Tripelpunkt des Wassers)

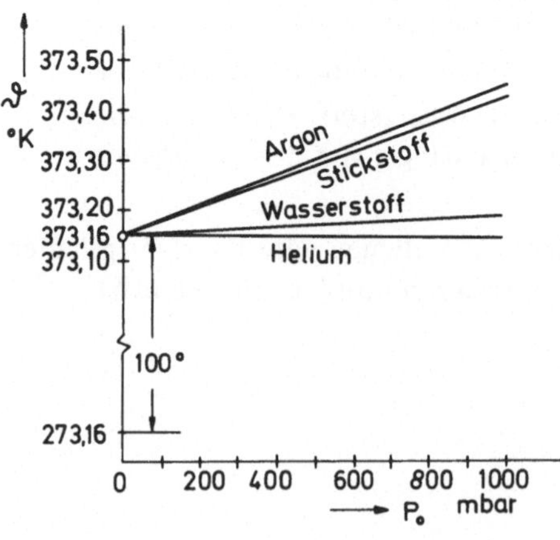

Bild 1.3
Temperaturmessung mit dem Gasthermometer (nach *Baehr* [2])

Bošnjaković [4] S. 3–6; *Baehr* [2] S. 19–24

2 Der Erste Hauptsatz der Thermodynamik (Energieerhaltungsprinzip)

2.1 Arbeit am geschlossenen System

Arbeit

Allgemein gilt für die an einem System geleistete Arbeit bei einer Zustandsänderung ① → ②

$$W_{12} = \int_1^2 \vec{F} \cdot \vec{ds} \qquad (2.1\text{-}1)$$

$\vec{F}$ beliebige von außen auf das System wirkende makroskopische Kraft (mechanisch, elektrisch, u.a.), $\vec{ds}$ zugehörige infinitesimale Verrückung des Angriffspunktes.

Die Arbeit W_{12} hängt i.a. nicht nur vom Anfangszustand ① und vom Endzustand ② ab, sondern auch von den Zwischenzuständen, die bei der Zustandsänderung ① → ② durchlaufen werden. Sie ist eine Prozeßgröße.

Vereinbarung:

Arbeit positiv, wenn sie dem System zugeführt wird.

Arbeit kann am System geleistet werden z. B. als

äußere Arbeit

a) Äußere Arbeit W_a zur Veränderung der kinetischen oder der potentiellen Energie eines Systems:

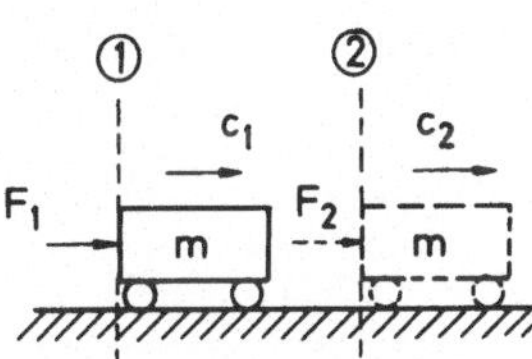

$$W_{a_{12}} = \frac{m}{2}(c_2^2 - c_1^2) \qquad W_{a_{12}} = mg(z_2 - z_1)$$

m: Masse, c: Geschwindigkeit, F: Kraft, g: Erdbeschleunigung, z: Höhe.

Allgemein gilt definitionsgemäß für die äußere Arbeit

$$\boxed{W_{a_{12}} = E_{a_2} - E_{a_1}} \qquad (2.1\text{-}2)$$

mit der „äußeren" Energie

$$E_a = \frac{m}{2} c^2 + mgz. \qquad (2.1\text{-}3)$$

Volumenänderungsarbeit

b) Volumenänderungsarbeit W_v:

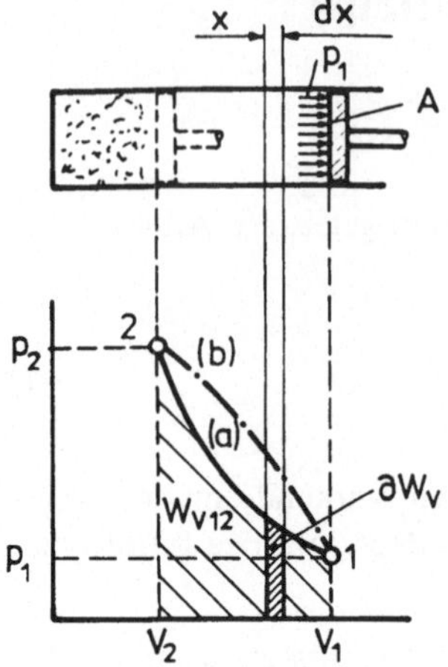

Bild 2.1
Bestimmung der Volumenänderungsarbeit W_{v12} im p, V-Diagramm
A: Fläche des Kolbens
p_1: Druck des Gases im Zustand 1

Am System geleistete Arbeit längs des Weges dx[1])

$$\partial W_v = -pA\,dx = -p\,dV$$

Volumenänderungsarbeit bei der Zustandsänderung von ① → ② längs des Weges (a)

$$W_{v12} = -\overset{(a)}{\int_1^2} p\,dV$$

Die Volumenänderungsarbeit ist vom Verlauf der Zustandsänderung abhängig

$$-\overset{(a)}{\int_1^2} p\,dV \neq -\overset{(b)}{\int_1^2} p\,dV$$

Für eine beliebige Oberfläche A ist die infinitesimale Änderung des Volumens V:

$$dV = \int_A dA \cdot ds.$$

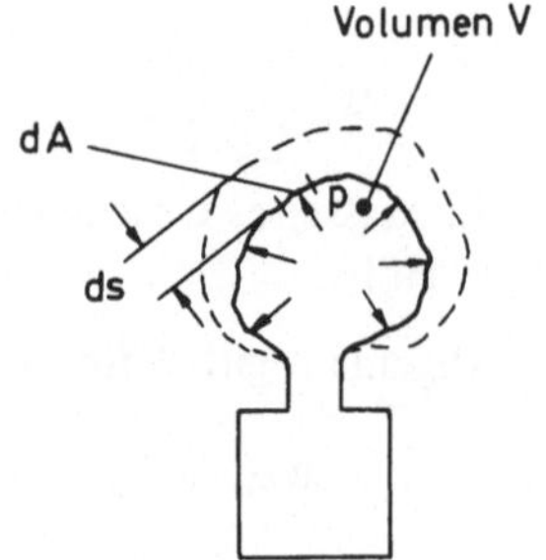

1) Das runde ∂ soll andeuten, daß die dahinter stehende Größe keine Zustands- sondern eine Prozeßgröße darstellt.

Voraussetzung: Druck p im Innern und nach außen überall gleich groß. Dann ist die Volumenänderungsarbeit:

$$\partial W_v = - \int_A p \, dA \, ds = - p \, dV \qquad (2.1\text{-}4)$$

Vorzeichen so, daß gemäß obiger Vereinbarung bei $dV < 0$ die Volumenänderungsarbeit positiv wird.

Bei endlicher Änderung des Volumens wird

$$W_{v_{12}} = - \int_1^2 p \, dV \qquad (2.1\text{-}4a)$$

c) Reibungsarbeit (Dissipationsarbeit) W_R

Reibungsarbeit
Dissipationsarbeit

1. mechanisch oder 2. elektrisch

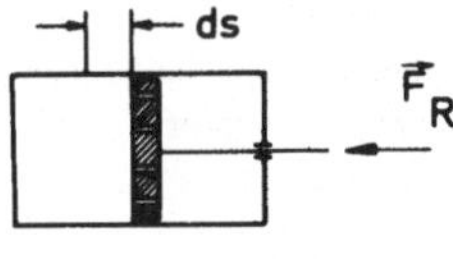

$$W_{R_{12}} = \int_1^2 \vec{F}_R \, \vec{ds}$$

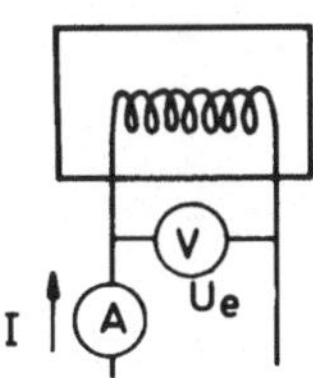

$$W_{R_{12}} = \int_1^2 U_e I \, d\tau$$

U_e: Spannung, I: Strom, τ: Zeit

Nach der Erfahrung ist immer:

$$W_{R_{12}} \geqslant 0. \qquad (2.1\text{-}5)$$

d) Arbeit zur Elektrisierung oder Magnetisierung eines Systems.

Baehr [2] S. 38–56; *Haase* [11] S. 5–11

2.2 Innere Energie und Wärme

2.2.1 Diathermes, isoliertes und adiabates System

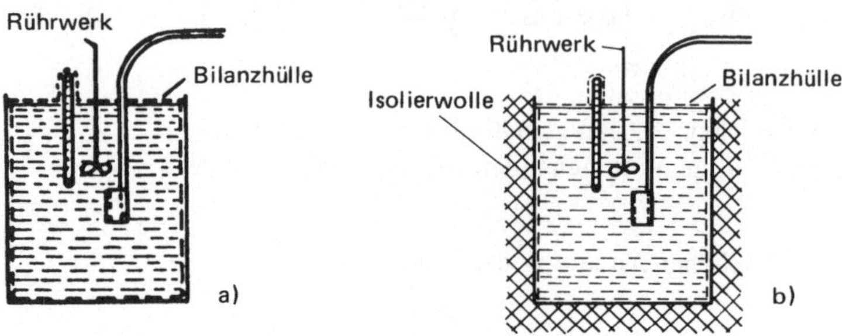

Bild 2.2 Mögliche Zustandsänderungen in einem geschlossenen System durch Reibungsarbeit (elektrische Widerstandsheizung)

a) System mit gekühlten Wänden (diathermes System)
b) System mit isolierten Wänden

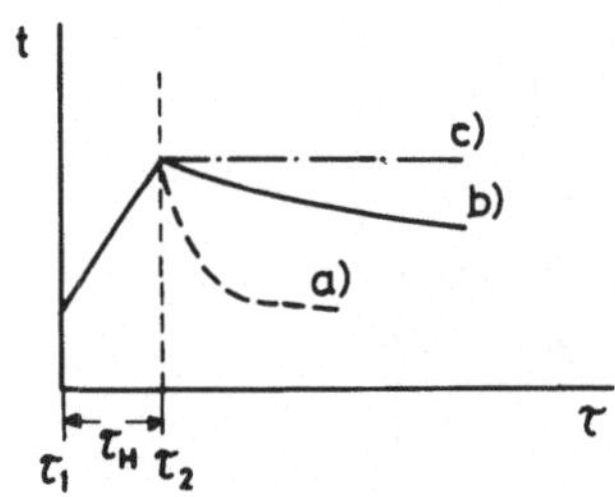

Bild 2.3

Temperatur t als Funktion der Zeit τ

a) bei gekühlten Wänden
b) bei isolierten Wänden
c) im Grenzfall eines ideal isolierten Systems (adiabates System)
$\tau_H = \tau_2 - \tau_1$: Heizzeit

Zugeführte elektrische Energie → Änderung des Zustandes → Änderung der inneren Energie

2.2.2 Innere Energie

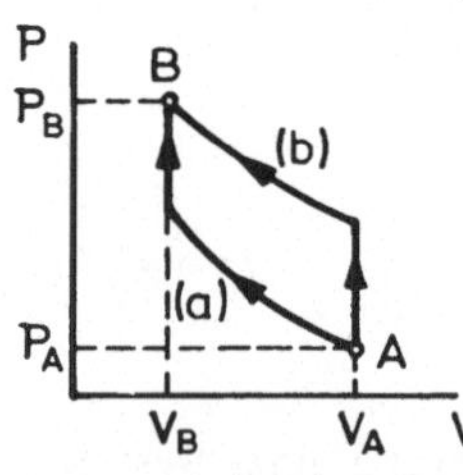

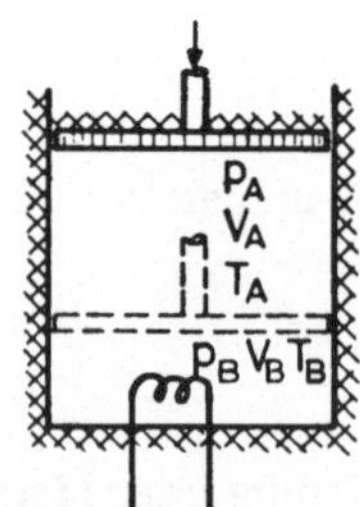

Bild 2.4 Mögliche Zustandsänderungen durch Volumenänderungsarbeit und Reibungsarbeit am geschlossenen, adiabaten System
Zustandsänderung von A → B:

(a) Volumenänderungsarbeit – Reibungsarbeit
(b) Reibungsarbeit – Volumenänderungsarbeit

Energieerhaltungsprinzip für das adiabate System (ohne Änderung der äußeren Energie): *adiabates System*

$$W_{12} = U_2 - U_1. \qquad (2.2\text{-}1)$$

1. Die Änderung der inneren Energie ist bei gegebenem Ausgangszustand und gegebenem Endzustand unabhängig vom Verlauf der Zustandsänderung.
2. Die innere Energie ist eine *Zustandsgröße*, d.h. sie ist nur von der Art und der Menge des untersuchten Stoffes und seinem jeweiligen Zustand abhängig. *innere Energie*
3. Nur die Änderung der inneren Energie ist meßbar, nicht ihr absoluter Betrag.
4. Innere Energie U ist die Summe aller Energien der einzelnen Moleküle (kinetische Energie plus potentielle Energie).

2.2.3 Wärme

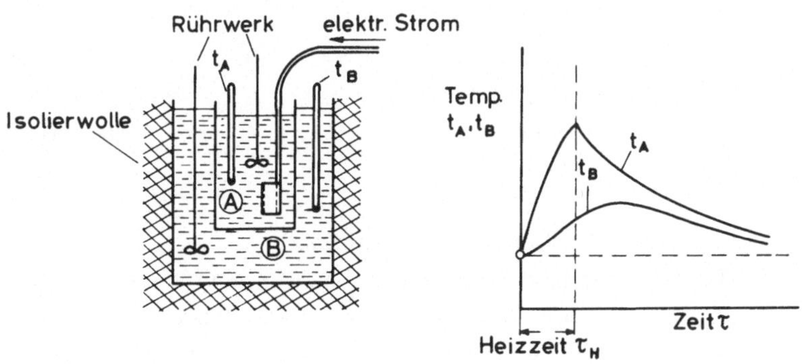

Bild 2.5 Zustandsänderungen in einem System aus 2 Teilsystemen A und B bei Arbeitsleistung am System A;
τ_H: Heizzeit; t_A, t_B: Temperatur im Teilsystem A bzw. B

Durch Wärmeübergang Zunahme der inneren Energie im System B auf Kosten der inneren Energie im System A. Wärme ist eine Energie, die von einem System auf ein anderes übergeht (Prozeßgröße). *Wärme*

Energieerhaltungsprinzip für ein geschlossenes System mit Wärmezufuhr Q_{12} (ohne Arbeit und ohne Änderung der äußeren Energie):

$$Q_{12} = U_2 - U_1. \qquad (2.2\text{-}2)$$

Wärmeübergang:

a) durch Wärmeleitung und Konvektion (stoffgebunden)

b) durch Strahlung

Vereinbarung: Wärme positiv, wenn sie dem System zugeführt wird.

Haase [11] S. 11–15; *Baehr* [2] S. 56–61

2.3 Erster Hauptsatz für ein geschlossenes System

Allgemein: Übergang des Systems von einem Zustand ① in einen Zustand ②; dabei wird dem System Wärme Q_{12} und Arbeit W_{12} zugeführt.

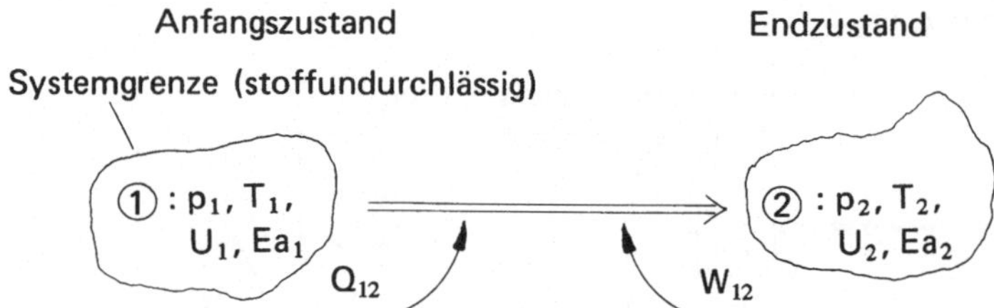

1. Hauptsatz für geschlossenes System

Energieerhaltungsprinzip (1. Hauptsatz):

Die dem System zugeführte Energie (Wärme Q_{12} und Arbeit W_{12}) ist gleich der Änderung der Energie des Systems (innere Energie U und äußere Energie E_a)

$$Q_{12} + W_{12} = U_2 - U_1 + E_{a_2} - E_{a_1} \tag{2.3-1}$$

Mit den auf die Masse bezogenen (spezifischen) Größen

$$q = Q/m, \quad u = U/m, \quad w = W/m, \quad e_a = E_a/m$$

wird aus Gl. (2.3-1)

$$q_{12} + w_{12} = u_2 - u_1 + e_{a_2} - e_{a_1} \tag{2.3-2}$$

Beispiele für geschlossene Systeme:

a) Gas im Kolben,

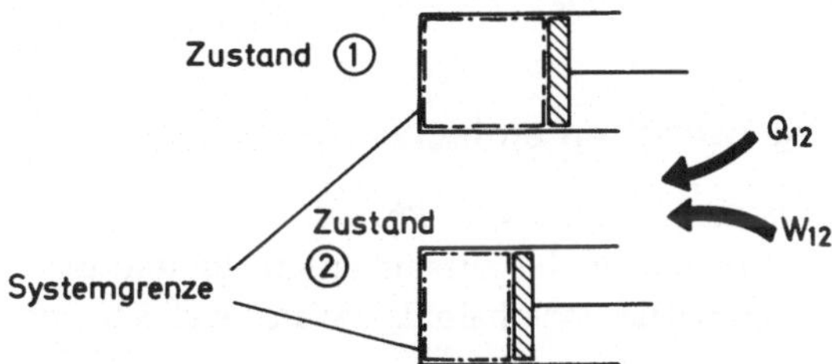

Bild 2.6 Im Zylinder eingeschlossenes Gas, Zustandsänderung ①→② bei einem Prozeß mit Arbeitszufuhr W_{12} und Wärmezufuhr Q_{12} Energieerhaltungsprinzip: $Q_{12} + W_{12} = U_2 - U_1$

b) Kompressorkältemaschine.

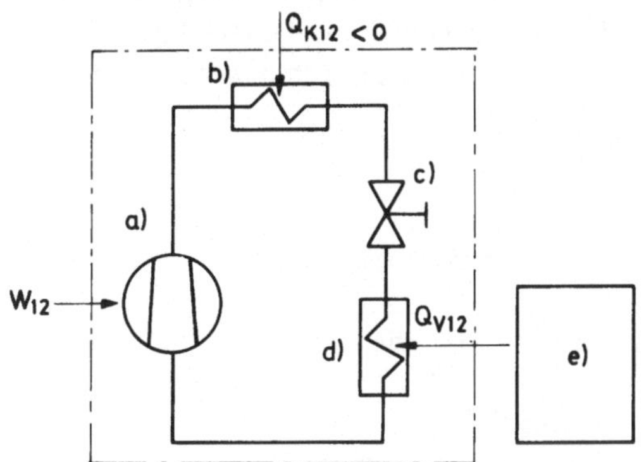

Bild 2.7 Prinzipskizze einer Kompressionskältemaschine,
a) Verdichter, b) Kondensator, c) Drosselventil
d) Verdampfer, e) Kühlraum.
Stationärbetrieb:
Im Zeitintervall $\tau_2 - \tau_1$ zugeführte Arbeit: W_{12}
Wärme $Q_{12} = Q_{V_{12}} + Q_{K_{12}}$
Dabei ist der lokale Zustand des Systems zeitlich konstant (und damit auch der Gesamtzustand),
Energieerhaltungsprinzip: $W_{12} + Q_{V_{12}} + Q_{K_{12}} = 0$

Bosnjakovic [4] S. 12–13; *Baehr* [2] S. 61–66

3 Zustandsgleichungen und Zustandsänderungen

3.1 Zustandseigenschaften einfacher Körper

Beschränkung auf *homogene Systeme (Phasen)*, d.h. auf solche Systeme, bei denen die chemische Zusammensetzung und die physikalischen Eigenschaften innerhalb des Systems gleich sind.

Mögliche Aggregatzustände: Fest, flüssig, gasförmig
Feste Körper: Großer Widerstand gegen Formänderung und Volumenänderung
Flüssige Körper: Kleiner Widerstand gegen Formänderung, großer Widerstand gegen Volumenänderung
Gasförmige Körper: Kleiner Widerstand gegen Formänderung; relativ kleiner Widerstand gegen Volumenänderung.

Erfahrungssatz: Der innere Zustand eines geschlossenen homogenen Systems kann in der Regel durch zwei unabhängige Zustandsgrößen, z.B. den Druck p und die Temperatur T eindeutig beschrieben werden:

$$v = v(p, T) \qquad u = u(p, T)$$

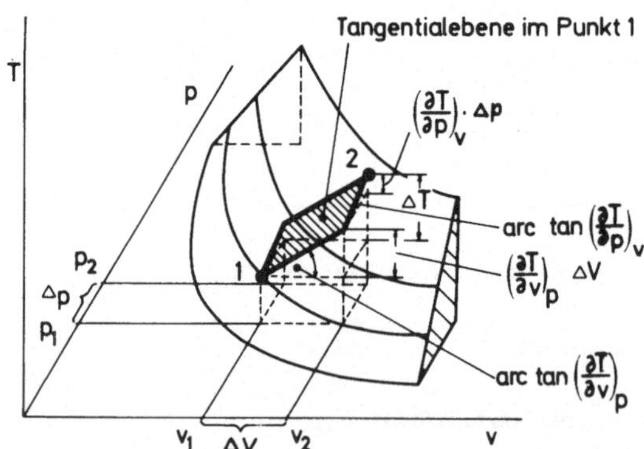

Bild 3.1 Tangentialebene an die Zustandsfläche T(p, v) im Punkt 1. Für einen beliebigen Punkt 2 auf der Tangentialebene gilt:

$$\Delta T = T_2 - T_1 = \left(\frac{\partial T}{\partial v}\right)_p \Delta v + \left(\frac{\partial T}{\partial p}\right)_v \Delta p$$

Vollständiges Differential einer Funktion zweier Veränderlicher T (p, v):

$$dT = \left(\frac{\partial T}{\partial v}\right)_p dv + \left(\frac{\partial T}{\partial p}\right)_v dp \qquad (3.1\text{-}1)$$

Umgekehrt ist auch p eine Funktion von v und T: p = p(v, T).
Vollständiges Differential

$$dp = \left(\frac{\partial p}{\partial v}\right)_T dv + \left(\frac{\partial p}{\partial T}\right)_v dT \tag{3.1-2}$$

Multiplikation von Gl. (3.1-1) mit $\left(\frac{\partial p}{\partial T}\right)_v$ ergibt

$$dp = -\left(\frac{\partial p}{\partial T}\right)_v \left(\frac{\partial T}{\partial v}\right)_p dv + \left(\frac{\partial p}{\partial T}\right)_v dT \tag{3.1-3}$$

Aus Vergleich mit Gl. (3.1-2) folgt

$$-\left(\frac{\partial p}{\partial T}\right)_v \cdot \left(\frac{\partial T}{\partial v}\right)_p = \left(\frac{\partial p}{\partial v}\right)_T \quad \text{bzw.}$$

$$\boxed{\left(\frac{\partial p}{\partial T}\right)_v \cdot \left(\frac{\partial T}{\partial v}\right)_p \cdot \left(\frac{\partial v}{\partial p}\right)_T = -1} \tag{3.1-4}$$

Keine spezielle thermodynamische Beziehung, sondern allgemein mathematische Eigenschaft von Funktionen zweier Veränderlicher.

3.2 Thermische Zustandsgleichung idealer Gase

3.2.1 Versuch von Gay-Lussac (1816)

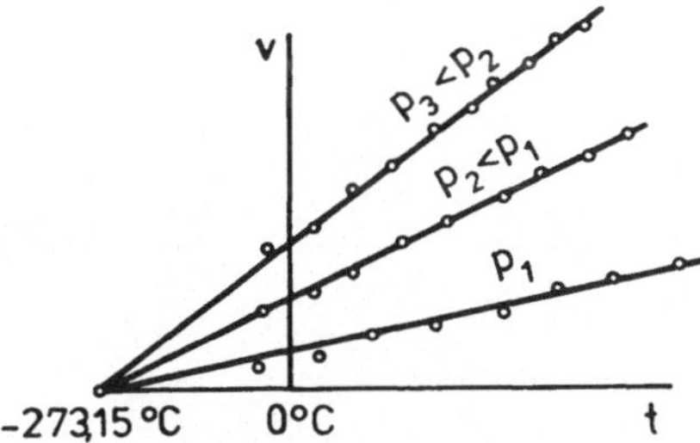

Bild 3.2 Volumenänderung mit der Temperatur bei Gasen

$$v = v_0 \frac{273.15 + t}{273.15} = v_0 \frac{T}{T_0} = T\, f(p), \tag{3.2-1}$$

wobei v_0/T_0 eine Funktion des Druckes f(p) ist.

3.2.2 Boyle-Mariottesches Gesetz (1664–1676)

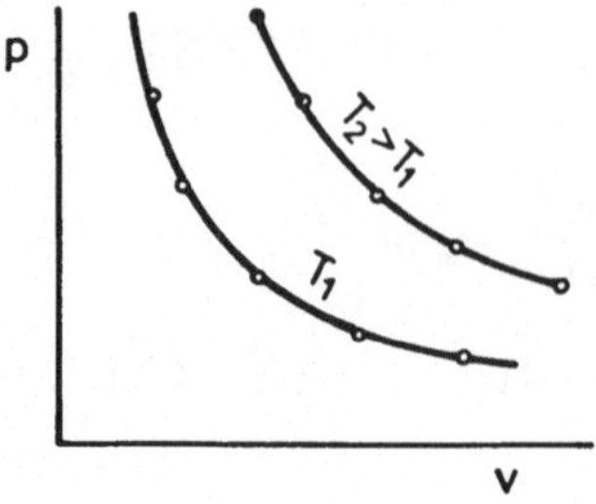

Bild 3.3
Druckänderung mit dem Volumen bei Gasen

Für jedes T = konst:

$$pv = p_0 v_0 = \text{konst}, \qquad (3.2\text{-}2)$$

d.h. das Produkt pv ist eine Funktion der Temperatur

$$pv = g(T). \qquad (3.2\text{-}3)$$

3.2.3 Zustandsgleichung idealer Gase

Aus Gl. (3.2-1) erhält man durch Multiplikation mit p

$$pv = p \cdot f(p) \cdot T \qquad (3.2\text{-}4)$$

Nach (3.2-3) muß aber die rechte Seite eine reine Temperaturfunktion darstellen:

$$p \cdot f(p) \cdot T = g(T).$$

Dies ist nur möglich, wenn

$$p \cdot f(p) = R = \text{konst}.$$

Aus (3.2-4) folgt dann

$$\boxed{pv = RT} \qquad (3.2\text{-}5)$$

oder

$$\boxed{pV = mRT} \quad \text{ideale Gase} \qquad (3.2\text{-}6)$$

Loschmidtsche Zahl

Ebenfalls zweckmäßige Bezugsmenge: Mol
Festlegung: 1 kmol enthält $6{,}0236 \times 10^{26}$ Moleküle (Loschmidtsche oder Avogadrosche Zahl)

Molmasse M: Masse eines Mols, z. B. $M_{O_2} = 32 \frac{kg}{kmol}$

Zahl der Mole:

$$n = \frac{m}{M} \tag{3.2-7}$$

Gl. (3.2-7) eingesetzt in (3.2-6) ergibt

$$p \cdot V = n \cdot MRT$$

mit Molvolumen

$$V_m = \frac{V}{n} \tag{3.2-8}$$

wird

$$p \cdot V_m = MRT \tag{3.2-9}$$

> Satz von Avogadro (Erfahrungsatz):
> Für ideale Gase sind bei gleichen Drücken und Temperaturen die Molvolumina gleich groß.

Satz von Avogadro

$R_m = M\,R$ ist daher von der Art des Gases unabhängig.

Allgemeine Gaskonstante

allgemeine Gaskonstante

$$R_m = M\,R = 8{,}3143\,\frac{kJ}{kmol\,K} = 848\,\frac{mkp}{kmol\,K} = 1{,}986\,\frac{kcal}{kmol\,K} \tag{3.2-10}$$

Beispiel: Molvolumen bei $t = 0\,°C = 273{,}15\,K$
$p = 1\,atm = 1{,}01325\,bar = 101325\,N/m^2$ (Normvolumen, bzw. Volumen im Normzustand)

$$V_m = \frac{8314\,\frac{J}{kmol\,K} \cdot 273{,}15\,K}{101325\,\frac{N}{m^2}} = 22{,}4\,m^3/kmol$$

Bošnjaković [4] S. 22–29; DIN 1343: Normzustand, Normvolumen

3.2.4 Abweichungen vom idealen Verhalten

Isobarer Ausdehnungskoeffizient [1])

Isobarer Ausdehnungskoeffizient

$$\alpha \equiv \frac{T}{v}\left(\frac{\partial v}{\partial T}\right)_p \tag{3.2-11}$$

---

[1]) Es wird hier die dimensionslose Schreibweise bevorzugt gegenüber der in der Literatur häufig üblichen

$$\alpha^* = \frac{1}{v}\left(\frac{\partial v}{\partial T}\right)_p$$

Für ideale Gase ist

$$\alpha = \frac{T}{v}\,\frac{R}{p} = 1$$

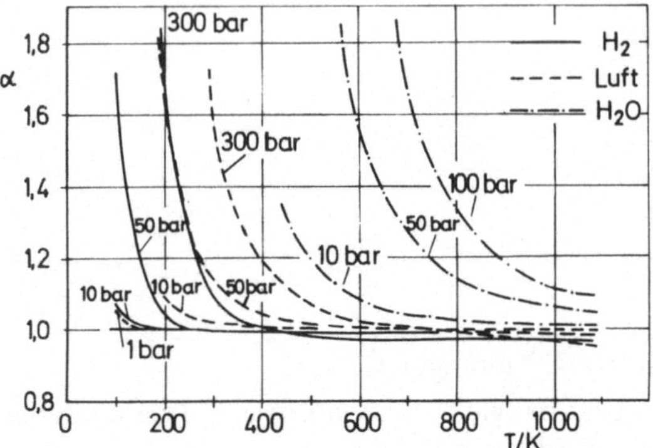

Bild 3.4 Isobarer Ausdehnungskoeffizient einiger realer Gase: (Werte von H_2O berechnet nach Zustandstabellen; Werte für H_2 und Luft berechnet mit Hilfe der Beattie-Bridgmanschen Zustandsgleichung)

Isochorer Spannungskoeffizient

Isochorer Spannungskoeffizient:

$$\beta \equiv \frac{T}{p}\left(\frac{\partial p}{\partial T}\right)_v \tag{3.2-12}$$

Für ideale Gase ist

$$\beta = \frac{T}{p}\,\frac{R}{v} = 1$$

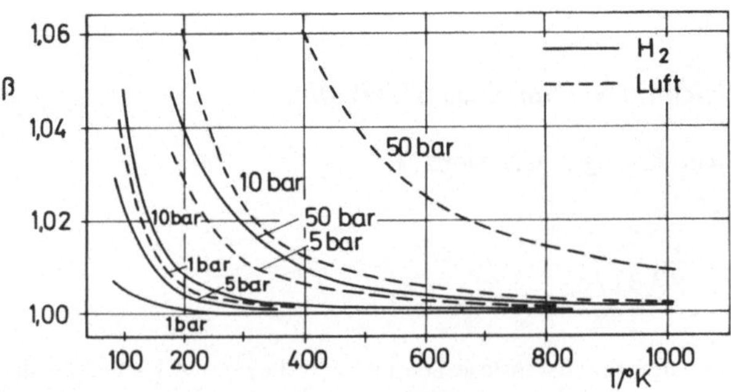

Bild 3.5 Isochorer Spannungskoeffizient einiger Gase (berechnet mit Hilfe der Beattie-Bridgmanschen Zustandsgleichung)

Isothermer Kompressibilitätskoeffizient:

Isothermer Kompressibilitätskoeffizient

$$\boxed{\gamma \equiv -\frac{p}{v}\left(\frac{\partial v}{\partial p}\right)_T} \tag{3.2-13}$$

Für ideale Gase ist

$$\gamma = -\frac{p}{v}\left(-\frac{RT}{p^2}\right) = 1$$

3.3 Kalorische Zustandsgleichung idealer Gase

Allgemein: $u = u(T, v)$

$$du = \left(\frac{\partial u}{\partial T}\right)_v dT + \left(\frac{\partial u}{\partial v}\right)_T dv \tag{3.3-1}$$

Untersuchung der Abhängigkeit vom Volumen (Druck) (Gay – Lussac, 1807):

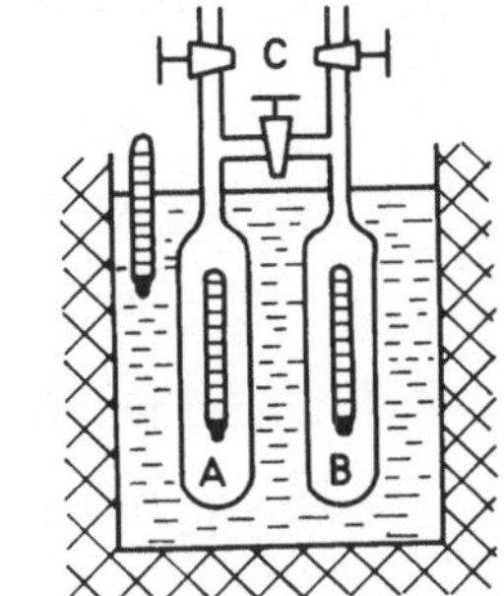

Zustand 1: A mit Gas gefüllt,
B vollständig evakuiert

Zustand 2: Nach Öffnen des Hahnes C und Einstellen des neuen Gleichgewichtszustandes

1. Hauptsatz (Gl. (2.3–1))

$$\underbrace{Q_{12}}_{0} + W_{12} = U_2 - U_1 + \underbrace{E_{a2} - E_{a1}}_{0}$$

Innere Energie des Gases: U_g, des Wassers: U_w

$$\boxed{U_2 = U_1} \Longrightarrow U_g(T_2, V_A + V_B) + U_w(T_2) = U_g(T_1, V_A) + U_w(T_1)$$

$$U_g(T_2, V_A + V_B) - U_g(T_1, V_A) = U_w(T_1) - U_w(T_2).$$

Versuchsergebnis: Für ideale Gase ist $T_2 = T_1$, d.h. $U_w(T_1) - U_w(T_2) = 0$ bzw. die innere Energie des Gases ist unabhängig vom Volumen (Druck):

$$\left(\frac{\partial u}{\partial v}\right)_T = 0 \quad \text{(ideales Gas).} \tag{3.3-2}$$

Spezifische Wärmekapazität bei konstantem Volumen

Mit der „spezifischen Wärmekapazität"

$$c_v = \left(\frac{\partial u}{\partial T}\right)_v \tag{3.3-3}$$

und Gl. (3.3-2) wird

$$du = c_v dt \quad \text{bzw.} \quad u - u_0 = \int_{T_0}^{T} c_v dT \quad \text{(ideales Gas)} \tag{3.3-4}$$

Genauere Messung mit Drosselversuch

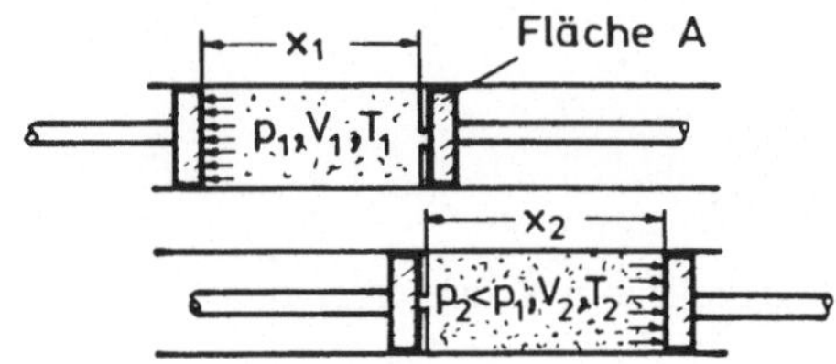

$$Q_{12} + \underbrace{p_1 \overbrace{A x_1}^{V_1} - p_2 \overbrace{A x_2}^{V_2}}_{W_{12}} = U_2 - U_1 \tag{3.3-4a}$$

adiabates System: $Q_{12} = 0$

$$U_2 + p_2 V_2 = U_1 + p_1 V_1$$

Enthalpie

Definition Enthalpie

$H = U + pV$	$h = u + pv$

(3.3-5)

$$h(p_2, T_2) = h(p_1, T_1)$$

Enthalpie idealer Gase:

$$h = u + pv = u(T) + RT = h(T) \quad \text{(ideale Gase)} \tag{3.3-6}$$

d.h. für ideale Gase ist die Enthalpie unabhängig vom Druck. Allgemein gilt dagegen:

$$h(T, p) \quad \text{bzw.} \quad dh = \left(\frac{\partial h}{\partial T}\right)_p dT + \left(\frac{\partial h}{\partial p}\right)_T dp. \tag{3.3-7}$$

Bei realen Gasen werden merkliche Abweichungen – insbesondere bei hohen Drücken – beobachtet. Die Abhängigkeit $h(T,p)$ zeigt Bild 3.6 für (reale) Luft.

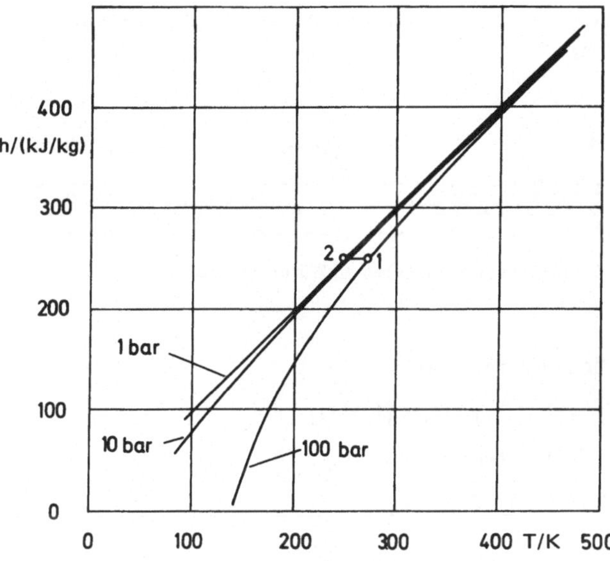

Bild 3.6 h-T-Diagramm für Luft (nach *Baehr* [1])
Adiabate Drosselung von ①→②: $T_1 - T_2 = 275 - 250$ K

„spezifische Wärmekapazität"

Spezifische Wärmekapazität bei konstantem Druck

$$c_p = \left(\frac{\partial h}{\partial T}\right)_p \qquad (3.3\text{-}8)$$

Mit Gl. (3.3-7) wird für ideale Gase

$$dh = c_p\, dT \quad \text{bzw.} \quad h - h_0 = \int_{T_0}^{T} c_p\, dT \qquad (3.3\text{-}8a)$$

Nach Gl. (3.3-6), (3.3-7) und (3.3-8) wird

$$\boxed{c_p = c_v + R} \quad \text{(ideales Gas)} \qquad (3.3\text{-}9)$$

Verhältnis der spezifischen Wärmekapazitäten:

Verhältnis der Spezifischen Wärmekapazitäten

$$\kappa = c_p/c_v \qquad (3.3\text{-}10)$$

$$c_p = \frac{\kappa}{\kappa - 1} R \quad \text{(ideales Gas)} \qquad (3.3\text{-}11)$$

$$c_v = \frac{1}{\kappa - 1} R \quad \text{(ideales Gas)} \qquad (3.3\text{-}12)$$

Messung der spezifischen Wärmekapazität c_p im Strömungskalorimeter.

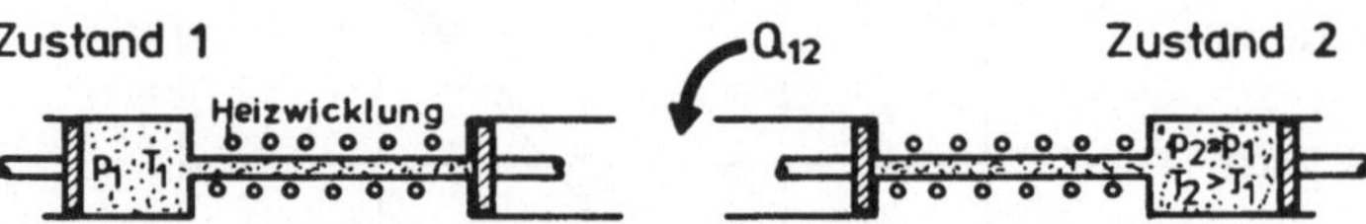

Bild 3.7 Zur Messung der spezifischen Wärmekapazität c_p

entsprechend Gl. (3.3-4a)

$$Q_{12} + p_1 V_1 - p_2 V_2 = U_2 - U_1$$
$$Q_{12} = H_2 - H_1 = m(h_2 - h_1)$$

Nach 3.3-7 und 3.3-8

$$h_2 - h_1 = \overset{(p_1)}{\int_{T_1}^{T_2}} c_p \, dT + \overset{(T_2)}{\int_{p_1}^{p_2}} \underbrace{\left(\frac{\partial h}{\partial p}\right)_T}_{\to 0} dp$$

$$\overset{(p_1)}{\int_1^2} c_p \, dT = \frac{Q_{12}}{m}$$

Mittlere spezifische Wärmekapazität

Mittlere spezifische Wärmekapazität (beim Druck p_1)

$$[c_p]_{T_1}^{T_2} = \frac{\overset{(p_1)}{\int_{T_1}^{T_2}} c_p \, dT}{T_2 - T_1} \tag{3.3-13}$$

$[c_p]_{T_0}^{T}$: mittlere spezifische Wärmekapazität tabelliert mit (willkürlicher) Bezugstemperatur T_0 und Bezugsdruck p_0, Umrechnung:

$$(T_2 - T_1)\,[c_p]_{T_1}^{T_2} = \overset{(p_0)}{\int_{T_1}^{T_2}} c_p \, dT = \overset{(p_0)}{\int_{T_0}^{T_2}} c_p \, dT - \overset{(p_0)}{\int_{T_0}^{T_1}} c_p \, dT$$

$$[c_p]_{T_1}^{T_2} = \frac{(T_2 - T_0)\,[c_p]_{T_0}^{T_2} - (T_1 - T_0)\,[c_p]_{T_0}^{T_1}}{T_2 - T_1} \tag{3.3-14}$$

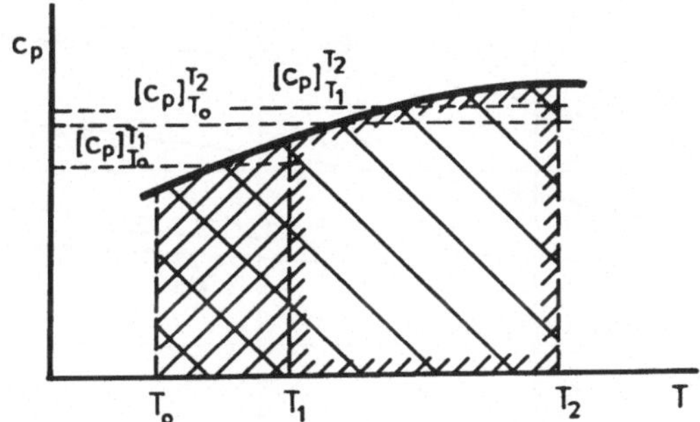

Bild 3.8 Zur Darstellung der mittleren spezifischen Wärmekapazitäten bei p = konst.

$\widehat{=} \int_{T_0}^{T_1} c_p\,dT \qquad \widehat{=} \int_{T_0}^{T_2} c_p\,dT \qquad \widehat{=} \int_{T_1}^{T_2} c_p\,dT$

Entsprechend: mittlere spezifische Wärmekapazität bei konstantem Volumen

$$[c_v]_{T_1}^{T_2} = \frac{\int_{T_1}^{(v_1)\,T_2} c_v\,dT}{T_2 - T_1} \tag{3.3-15}$$

Für ideale Gase folgt aus Gl. (3.3-9), (3.3-13) und (3.3-15)

Molare und mittlere molare Wärmekapazitäten

$$[c_p]_{T_1}^{T_2} - [c_v]_{T_1}^{T_2} = \frac{\int_{T_1}^{T_2} (c_p - c_v)\,dT}{T_2 - T_1} = R \tag{3.3-16}$$

Molare Wärmekapazitäten (bezogen auf 1 kmol)

$$C_{mp} = M \cdot c_p; \qquad C_{mv} = M \cdot c_v \tag{3.3-17}$$

mit Molmasse M.

$$C_{mp} - C_{mv} = M\,(c_p - c_v) = M \cdot R = R_m \tag{3.3-18}$$

Mittlere molare Wärmekapazitäten: $[C_{mp}]_{T_1}^{T_2}$ und $[C_{mv}]_{T_1}^{T_2}$

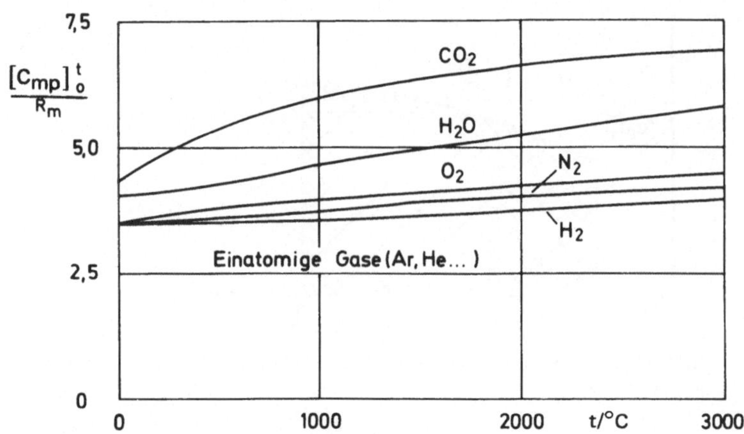

Bild 3.9. Mittlere molare Wärmekapazitäten einiger Gase (nach *Bošnjaković:* [4]). (Als Bezugstemperatur ist hier T_0 = 273 K entsprechend t_0 = 0 °C gewählt).

Verhältnis der spezifischen Wärmekapazitäten

Verhältnis der spezifischen Wärmekapazitäten:

$$\kappa = \frac{c_p}{c_v} = \frac{C_{mp}}{C_{mv}} = \begin{cases} 1{,}667 & \text{für einatomige id. Gase} \\ \sim 1{,}4 & \text{für zweiatomige id. Gase} \end{cases}$$

Bosnjakovic [4] S. 29–39; *Baehr* [2] S. 66–70, 203–206

3.4 Nichtstatische und quasistatische Zustandsänderungen

1. Ein System im Gleichgewicht ändert seinen Zustand nur durch Wechselwirkung mit anderen Systemen.

Nichtstatischer Prozeß

2. Störung des Gleichgewichts führt zu Inhomogenitäten: Temperaturgradienten, Druckschwankungen, etc.
3. Jede Störung des Gleichgewichts ist ein *nichtstatischer Vorgang.* Dabei ist in jedem Augenblick der Zustand des Systems nicht mehr durch dieselbe Anzahl von Zustandsgrößen bestimmt wie in einem statischen Zustand.

Quasistatische Zustandsänderung

4. *Quasistatisch* wird ein Vorgang genannt, bei dem alle Störungen verschwindend klein werden.
5. *Quasistatische Zustandsänderungen* sind streng Folgen von Gleichgewichtszuständen.
6. In der Technik werden Zustandsänderungen in einem nichtstatischen Prozeß auch dann noch als quasistatisch bezeichnet, wenn man in jedem Augenblick den Zustand des Systems hinreichend genau durch dieselbe Zahl von Zustandsgrößen charakterisieren kann wie in einem Gleichgewichtszustand.

7. Bei technischen Prozessen ist es u. U. sinnvoll, z. B. auch die Zustandsänderungen bei reibungsbehafteten Vorgängen als quasistatisch anzusehen.

Baehr [2] S. 27-29

3.5 Quasistatische Zustandsänderungen in ruhenden homogenen Systemen

Voraussetzung: Der innere Zustand des Systems kann durch zwei unabhängige Zustandsgrößen beschrieben werden.

Volumenänderungsarbeit nach Gl. (2.1-4a): $W_{v12} = -\int_1^2 p\,dV$

1. Hauptsatz (Gl. (2.3-1))

$$Q_{12} + W_{R12} = U_2 - U_1 + \int_1^2 p\,dV \qquad (3.5\text{-}1)$$

Bei quasistatischen Zustandsänderungen gilt für jeden Zwischenzustand

$$\partial Q + \partial W_R = dU + p\,dV \qquad (3.5\text{-}2)$$

bezogen auf die Masse

$$\partial q + \partial w_R = du + p\,dv \qquad (3.5\text{-}2a)$$

Wärmeumsatz, Arbeit, etc. können berechnet werden, wenn der Verlauf der quasistatischen Zustandsänderung bekannt ist.

3.5.1 Quasistatische Zustandsänderung bei konst. Volumen (Isochore)

$V = V_1 = V_2 = \text{konst}$ *Isochore*

Volumenänderungsarbeit:

$$W_{V_{12}} = 0 \qquad (3.5\text{-}3)$$

1. Hauptsatz:

$$Q_{12} + W_{R_{12}} = U_2 - U_1 \qquad (3.5\text{-}4)$$

$$\boxed{q_{12} + w_{R_{12}} = u_2 - u_1} \qquad (3.5\text{-}4a)$$

da Zustandsänderung quasistatisch:

$$\partial q + \partial w_R = du \qquad (3.5\text{-}5)$$

Bei Wärmezufuhr bzw. durch Reibungsarbeit nimmt die innere Energie zu und damit die Temperatur.

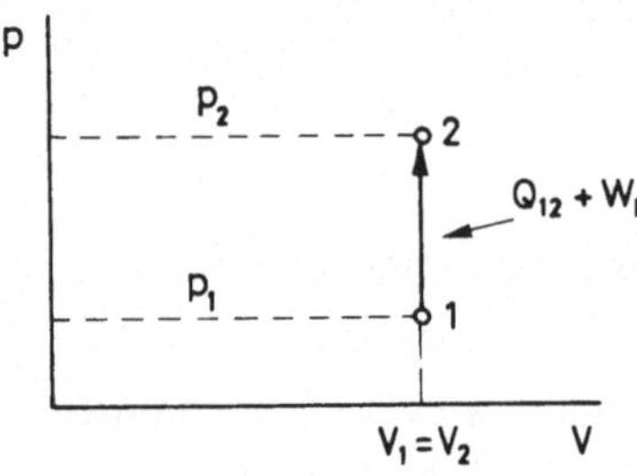

Bild 3.10
Darstellung der Isochoren im p,v-Diagramm

Isobare

3.5.2 Quasistatische Zustandsänderung bei konstantem Druck (Isobare)

$p = p_1 = p_2 = \text{konst.}$

Volumenänderungsarbeit:

$$W_{V_{12}} = -\int_1^2 p dV = p(V_1 - V_2) \quad (3.5\text{-}6)$$

$$\boxed{w_{V_{12}} = p(v_1 - v_2)} \quad (3.5\text{-}6a)$$

1. Hauptsatz:

$$Q_{12} + W_{R_{12}} = U_2 - U_1 + p(V_2 - V_1) \quad (3.5\text{-}7)$$

$$q_{12} + w_{R_{12}} = u_2 - u_1 + pv_2 - pv_1$$

Mit der Enthalpie $h = u + pv$

$$\boxed{q_{12} + w_{R_{12}} = h_2 - h_1} \quad (3.5\text{-}8)$$

$$\partial q + \partial w_R = dh \quad (3.5\text{-}8a)$$

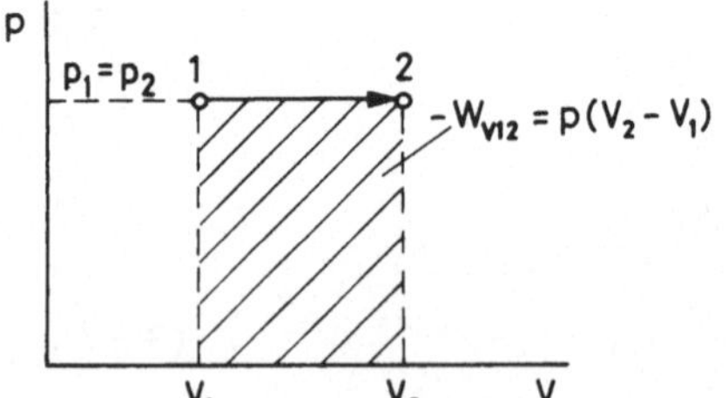

Bild 3.11
Darstellung der Isobaren im p,v-Diagramm. Die schraffierte Fläche entspricht dem Betrag der Volumenänderungsarbeit

Durch Wärmezufuhr bzw. Reibungsarbeit wird die Enthalpie (und damit die Temperatur) erhöht.

3.5.3 Quasistatische Zustandsänderung bei pV = konst

Zustandsänderung mit pV = konst

$pV = p_1 V_1 = p_2 V_2$ = konst.

Für ideale Gase ist nach Gl. (3.2-6) auch $T = T_1 = T_2$ = konst (ideale Gase)

Isotherme bei idealen Gasen

Volumenänderungsarbeit:

$$W_{V_{12}} = -\int_1^2 pV \frac{dV}{V} = p_1 V_1 \ln \frac{V_1}{V_2} = p_1 V_1 \ln \frac{p_2}{p_1} \qquad (3.5\text{-}9)$$

$$\boxed{w_{V_{12}} = p_1 v_1 \ln \frac{v_1}{v_2} = p_1 v_1 \ln \frac{p_2}{p_1}} \qquad (3.5\text{-}9a)$$

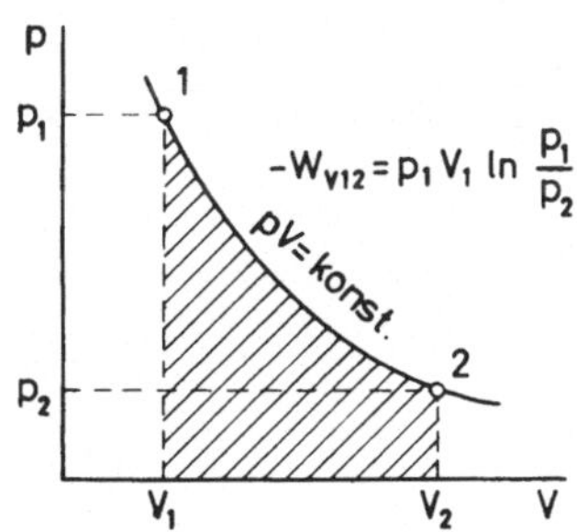

Bild 3.12
Darstellung einer Linie pV = konst. im p,V-Diagramm (gleichseitige Hyperbel)

1. Hauptsatz:

$$Q_{12} + W_{R_{12}} = U_2 - U_1 + \int_1^2 pdV = U_2 - U_1 + p_1 V_1 \ln \frac{p_1}{p_2} \qquad (3.5\text{-}10)$$

$$\boxed{q_{12} + w_{R_{12}} = u_2 - u_1 + p_1 v_1 \ln \frac{p_1}{p_2} = u_2 - u_1 + p_1 v_1 \ln \frac{v_2}{v_1}} \qquad (3.5\text{-}10a)$$

Für ideale Gase ist mit pv = konst auch T = konst, sowie u = konst

$$\boxed{q_{12} + w_{R_{12}} = p_1 v_1 \ln \frac{p_1}{p_2} = RT_1 \ln \frac{v_2}{v_1}} \qquad \text{(id. Gase)} \quad (3.5\text{-}10b)$$

Isentrope

3.5.4 Quasistatische Zustandsänderung mit $\partial q + \partial w_R = 0$ (Isentrope)

a) adiabat und reibungsfrei ($\partial q = \partial w_R = 0$)

b) reibungsbehaftet mit entsprechender Wärmeabfuhr ($\partial q = -\partial w_R \neq 0$)

1. Hauptsatz:

$$\boxed{\partial q + \partial w_R = du + p\,dv = 0} \tag{3.5-11}$$

$$du = \left(\frac{\partial u}{\partial p}\right)_v dp + \left(\frac{\partial u}{\partial v}\right)_p dv \tag{3.5-12}$$

Aus $u = h - pv$ (Gl. (3.3-5)) erhält man mit $c_p = \left(\frac{\partial h}{\partial T}\right)_p$ und $\alpha = \frac{T}{v}\left(\frac{\partial v}{\partial T}\right)_p$

$$\left(\frac{\partial u}{\partial v}\right)_p = \left(\frac{\partial h}{\partial v}\right)_p - p = \left(\frac{\partial h}{\partial T}\right)_p \cdot \left(\frac{\partial T}{\partial v}\right)_p - p = c_p \cdot \frac{T}{\alpha v} - p \tag{3.5-13}$$

Mit $c_v = \left(\frac{\partial u}{\partial T}\right)_v$ und $\beta = \frac{T}{p}\left(\frac{\partial p}{\partial T}\right)_v$ wird

$$\left(\frac{\partial u}{\partial p}\right)_v = \left(\frac{\partial u}{\partial T}\right)_v \cdot \left(\frac{\partial T}{\partial p}\right)_v = c_v \frac{T}{p\beta} \tag{3.5-14}$$

Aus Gl. (3.5-11) und (3.5-12) folgt daher

$$du + p dv = c_v \frac{T}{p\beta} dp + c_p \frac{T}{\alpha v} dv = 0$$

Mit $\gamma = \alpha/\beta$ und $\kappa = c_p/c_v$ erhält man daraus

$$\frac{dp}{p} + k \frac{dv}{v} = 0 \quad \text{bzw.} \quad \boxed{\frac{v}{p}\left(\frac{\partial p}{\partial v}\right)_s = -k} \tag{3.5-15}$$

wobei der Index s auf die isentrope Zustandsänderung hinweist.

Isentropenexponent

Isentropenexponent $\boxed{k \equiv \kappa/\gamma}$ (3.5-16)

Für ideale Gase ist $\gamma = 1$ und damit

$\boxed{k = \kappa}$ (id. Gase) (3.5-16a)

k ist auch für reale Gase hinreichend konstant. Integration von Gl. (3.5-15):

$$\int_1^2 \frac{dp}{p} = \ln \frac{p_2}{p_1} \overset{\text{(Isentr.)}}{=} - \int_1^2 k \frac{dv}{v}$$

Für k = konst wird:

$$\boxed{p_2 v_2^k = p_1 v_1^k} \qquad (3.5\text{-}17)$$

Spez. Volumenänderungsarbeit bei isentroper Zustandsänderung:

Volumenänderungsarbeit bei isentroper Zustandsänderung

$$w_{V_{12}} \overset{\text{(Isentr.)}}{=} - \int_1^2 p\,dv = u_2 - u_1 \qquad (3.5\text{-}18)$$

Nach Gl. (3.5-15) ist: $k\,p\,dv + v\,dp = 0$.
Weiter gilt: $p\,dv + v\,dp = d(pv)$.

Durch Subtraktion folgt nach Umstellung: $p\,dv = -\frac{1}{k-1}\,d(pv)$

$$w_{V_{12}} \overset{\text{(Isentr.)}}{=} \int_1^2 \frac{d(pv)}{k-1} \qquad (3.5\text{-}19)$$

Für k = konst. wird

$$w_{V_{12}} = \frac{1}{k-1}\,[p_2 v_2 - p_1 v_1] \qquad (3.5\text{-}20)$$

Aus Gl. (3.5-20) folgt mit Gl. (3.5-17)

$$\boxed{w_{V_{12}} = \frac{p_1 v_1}{k-1}\left[\left(\frac{p_2}{p_1}\right)^{\frac{k-1}{k}} - 1\right] = \frac{p_1 v_1}{k-1}\left[\left(\frac{v_2}{v_1}\right)^{1-k} - 1\right]} \qquad (3.5\text{-}21)$$

Für ideale Gase mit $k = \kappa$ ist zudem noch:

$$\frac{T_2}{T_1} = \frac{p_2 v_2}{p_1 v_1} = \left(\frac{v_2}{v_1}\right)^{1-\kappa} = \left(\frac{p_2}{p_1}\right)^{\frac{\kappa-1}{\kappa}} \qquad \text{(id. Gase)} \qquad (3.5\text{-}22)$$

Damit wird Gl. (3.5-21)

$$w_{V_{12}} = \frac{RT_1}{\kappa-1}\left[\frac{T_2}{T_1} - 1\right] = \frac{RT_1}{\kappa-1}\left[\left(\frac{p_2}{p_1}\right)^{\frac{\kappa-1}{\kappa}} - 1\right] = \frac{RT_1}{\kappa-1}\left[\left(\frac{v_2}{v_1}\right)^{1-\kappa} - 1\right]$$

$$\text{(id. Gase)} \qquad (3.5\text{-}22a)$$

3.5.5 Polytrope Zustandsänderung

Polytrope

Polytropenexponent

Bei vielen Zustandsänderungen mit $\partial q + \partial w_R \neq 0$ ist der sog. *Polytropenexponent*

$$\frac{v}{p}\left(\frac{\partial p}{\partial v}\right)_{pol} = -n \qquad (3.5\text{-}23)$$

hinreichend konstant während der Zustandsänderung.

Durch Integration erhält man entsprechend Gl. (3.5-17)

$$p_1 v_1^n = p_2 v_2^n \qquad (3.5\text{-}24)$$

Analog Gl. (3.5-20) erhält man für die spez. Volumenänderungsarbeit:

$$w_{v_{12}} = -\int_1^{2\,(pol)} p\,dv = \int_1^{2\,(pol)} \frac{d(pv)}{n-1} = \frac{p_1 v_1}{n-1}\left[\frac{p_2 v_2}{p_1 v_1} - 1\right]$$

mit Gl. (3.5-24):

Volumenänderungsarbeit bei polytroper Zustandsänderung

$$w_{v_{12}} = \frac{p_1 v_1}{n-1}\left[\left(\frac{p_2}{p_1}\right)^{\frac{n-1}{n}} - 1\right] = \frac{p_1 v_1}{n-1}\left[\left(\frac{v_2}{v_1}\right)^{1-n} - 1\right] \qquad (3.5\text{-}25)$$

Nach dem 1. Hauptsatz (Gl.(3.5-2)) ist

$$q_{12} + w_{R_{12}} = u_2 - u_1 - \frac{p_1 v_1}{n-1}\left[\frac{p_2 v_2}{p_1 v_1} - 1\right] \qquad (3.5\text{-}26)$$

Für ideale Gase gilt außerdem noch:

$$\frac{T_2}{T_1} = \left(\frac{p_2}{p_1}\right)^{\frac{n-1}{n}} ; \quad \frac{T_2}{T_1} = \left(\frac{v_2}{v_1}\right)^{1-n} \quad \text{(ideales Gas)} \qquad (3.5\text{-}27)$$

sowie: $$w_{v_{12}} = \frac{R}{n-1} \cdot (T_2 - T_1) \quad \text{(ideales Gas)} \qquad (3.5\text{-}25a)$$

und: $$q_{12} + w_{R_{12}} = [c_v]_{T_1}^{T_2} \cdot (T_2 - T_1) - \frac{R}{n-1}(T_2 - T_1)$$

Mit $\bar{\kappa} = [c_p]_{T_1}^{T_2} / [c_v]_{T_1}^{T_2}$ und $[c_p]_{T_1}^{T_2} - [c_v]_{T_1}^{T_2} = R$ wird daraus

$$q_{12} + w_{R_{12}} = \frac{n - \bar{\kappa}}{n-1} [c_v]_{T_1}^{T_2} (T_2 - T_1) \quad \text{(ideales Gas)} \qquad (3.5\text{-}26a)$$

Die Polytrope faßt die behandelten quasistatischen Zustandsänderungen für verschiedene Exponenten n unter pv^n = konst. zusammen.

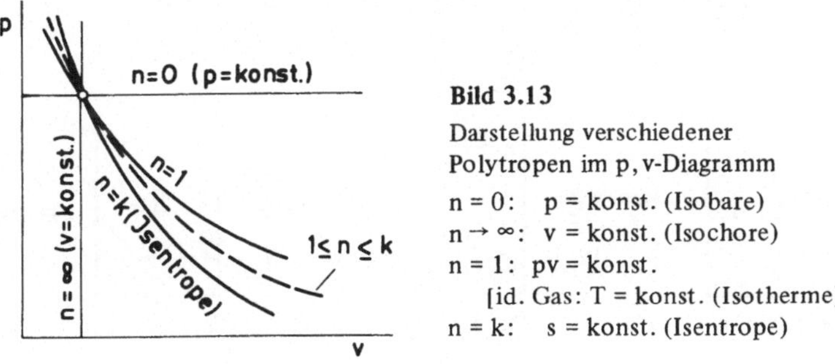

Bild 3.13

Darstellung verschiedener Polytropen im p, v-Diagramm

n = 0: p = konst. (Isobare)
$n \to \infty$: v = konst. (Isochore)
n = 1: pv = konst.
[id. Gas: T = konst. (Isotherme)]
n = k: s = konst. (Isentrope)

Bošnjaković [4] S. 43-50; *Dibelius* [6] S. 80-83

4 Kreisprozesse

4.1 Kreisprozesse in geschlossenen Systemen

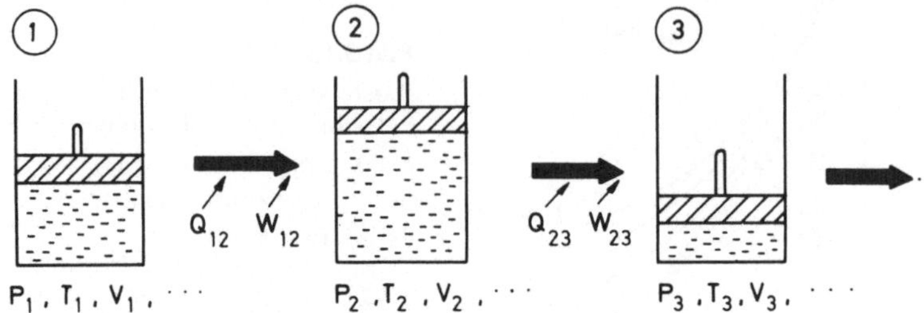

Bild 4.1. Folge von Prozessen in einem geschlossenen System. Zustandsänderung von ①→②→③→ ...

1. Hauptsatz (geschlossenes System) angewendet auf jeden einzelnen Prozeß:

$$\left.\begin{aligned} Q_{12} + W_{12} &= U_2 - U_1 + E_{a_2} - E_{a_1} \\ Q_{23} + W_{23} &= U_3 - U_2 + E_{a_3} - E_{a_2} \\ Q_{n,n+1} + W_{n,n+1} &= U_{n+1} - U_n + E_{a\,n+1} - E_{an} \end{aligned}\right\} +$$

Die Summation ergibt

$$\sum_{i=1}^{n} Q_{i,i+1} + \sum_{i=1}^{n} W_{i,i+1} = U_{n+1} - U_1 + E_{a\,n+1} - E_{a_1} \qquad (4.1\text{-}1)$$

Kreisprozeß, wenn Zustand $(n+1) \equiv (1) \Rightarrow U_{n+1} = U_1$; $E_{an+1} = E_{a_1}$. Aus Gl. (4.1-1) folgt

1. Hauptsatz für Kreisprozesse

$$\boxed{\sum_{i=1}^{n} Q_{i,i+1} + \sum_{i=1}^{n} W_{i,i+1} = 0} \qquad (4.1\text{-}2)$$

Speziell: Quasistatische Zustandsänderungen

Darstellung der Volumenänderungsarbeit im p,v-Diagramm:

$$\sum_{i=1}^{n} W_{vi,i+1} = -\sum_{i=1}^{n} \int_{i}^{i+1} p\mathrm{d}V = -\int_{1}^{n+1} p\mathrm{d}V = -\oint p\mathrm{d}V \qquad (4.1\text{-}3)$$

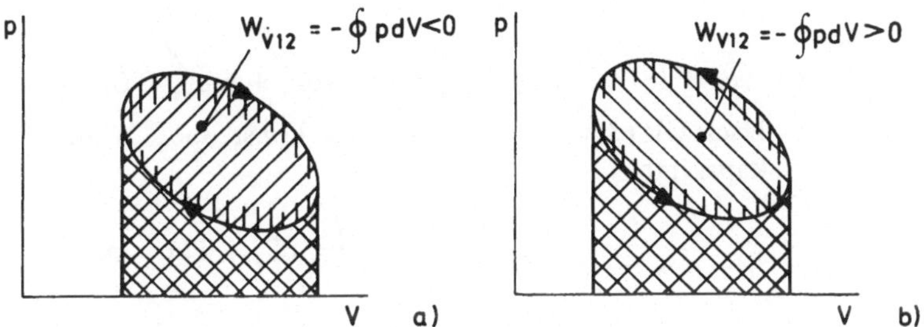

Bild 4.2. Darstellung von Kreisprozessen mit quasistatischen Zustandsänderungen im p,v-Diagramm
a) rechtslaufender Kreisprozeß b) linkslaufender Kreisprozeß

4.1.1 Rechtslaufender Carnotscher Kreisprozeß mit id. Gas konst. spez. Wärmekapazität:

1. Der Carnotsche Kreisprozeß besteht aus folgenden reibungsfreien quasistatischen Zustandsänderungen:

   a) Isotherme ① → ② (Wärmeaustausch mit HK)
   b) Isentrope ② → ③ (adiabat)
   c) Isotherme ③ → ④ (Wärmeaustausch mit KK)
   d) Isentrope ④ → ① (adiabat)

2. Den Carnotprozeß nach Bild 4.3 nennt man rechtslaufend, weil die Zustandspunkte im p, V-Diagramm im Uhrzeigersinn durchlaufen werden.

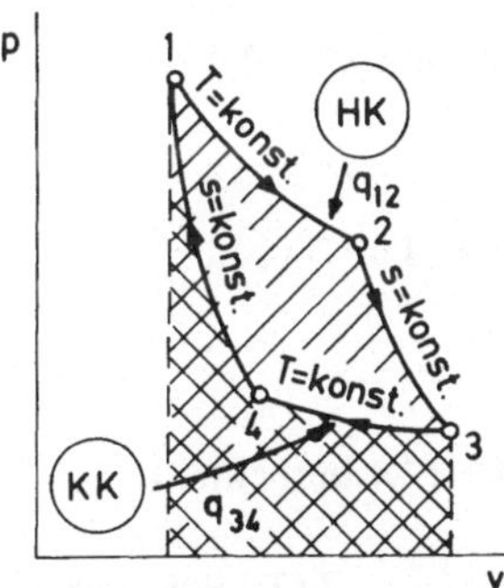

Bild 4.3
Rechtslaufender Carnotprozeß im p,v-Diagramm (HK: Heißkörper; KK: Kaltkörper)

3. Berechnung der Volumenänderungsarbeit und des Wärmeaustausches bei den einzelnen Zustandsänderungen.

   a) ① → ② isotherme Expansion ($T_1 = T_2$; id. Gas → $u_1 = u_2$;). Nach Gl. (3.5-10b) und (3.5-9a) wird

$$w_{v_{12}} = -q_{12} = R T_1 \ln \frac{p_2}{p_1} \qquad (4.1\text{-}4)$$

b) ② → ③ isentrope Expansion ($\cancelto{0}{q_{23}} + \cancelto{0}{w_{R_{23}}} = 0$).

Nach Gl. (3.5-20) ist für id. Gase konst. spez. Wärmekapazität

$$w_{V_{23}} = \frac{1}{\kappa - 1}(p_3 v_3 - p_2 v_2) = \frac{R}{\kappa - 1}(T_3 - T_2) \quad \text{mit}$$

$$T_3/T_2 = (p_3/p_2)^{\frac{\kappa-1}{\kappa}} \tag{4.1-5}$$

c) ③ → ④ isotherme Kompression ($T_4 = T_3$; $u_4 = u_3$)

$$w_{V_{34}} = -q_{34} = RT_3 \ln\frac{p_4}{p_3} = RT_3 \ln\frac{p_1}{p_2}, \tag{4.1-6}$$

denn wegen

$$T_1 = T_2 \text{ und } T_3 = T_4 \Longrightarrow \frac{T_1}{T_4} = \frac{T_2}{T_3} = \left(\frac{p_2}{p_3}\right)^{\frac{\kappa-1}{\kappa}} \Rightarrow$$

$$\Rightarrow \frac{p_1}{p_4} = \frac{p_2}{p_3}; \; \frac{p_1}{p_2} = \frac{p_4}{p_3} \tag{4.1-7}$$

d) ④ → ① isentrope Kompression

$$w_{V_{41}} = \frac{1}{\kappa - 1}(p_1 v_1 - p_4 v_4) = \frac{R}{\kappa - 1}(T_1 - T_4) = -w_{V_{23}} \tag{4.1-8}$$

Arbeit des Carnotprozesses

Bei reibungsfreien Prozessen erhält man aus Gl. (4.1-4) bis (4.1-8) die Arbeit des Carnotprozesses:

$$w_C = w_{V_{12}} + w_{V_{23}} + w_{V_{34}} + w_{V_{41}} = R(T_1 - T_3)\ln\frac{p_2}{p_1} \tag{4.1-9}$$

Die Arbeit w_C läßt sich auch aus Gl. (4.1-2) berechnen:

$$w_C = -q_{12} - q_{34} = RT_1 \ln\frac{p_2}{p_1} + RT_3 \ln\frac{p_4}{p_3} = R(T_1 - T_3)\ln\frac{p_2}{p_1} < 0. \tag{4.1-9a}$$

Beim rechtslaufenden Carnotprozeß wird Arbeit geleistet, wobei vom Heißkörper HK Wärme an den Prozeß übertragen und an den Kaltkörper KK Wärme vom Prozeß abgeführt wird.

Definition:

Thermischer Wirkungsgrad (allgemein)

thermischer Wirkungsgrad

$$\eta = \frac{|\text{insgesamt geleistete Arbeit}|}{\text{insgesamt } \textit{zugeführte} \text{ Wärme}} \tag{4.1-10}$$

Speziell für Carnotprozeß mit id. Gas konst. spez. Wärmekapazität nach Gl. (4.1-9) und (4.1-4)

Wirkungsgrad des Carnotprozesses

$$\eta_c = \frac{|w_c|}{q_{12}} = \frac{-R \ln \frac{p_2}{p_1} (T_1 - T_3)}{-RT_1 \ln \frac{p_2}{p_1}} = \frac{T_1 - T_3}{T_1}$$

$$\boxed{\eta_c = \frac{T_1 - T_3}{T_1}} \quad \text{mit } 0 \leqslant \eta \leqslant 1 \tag{4.1-11}$$

Aus Gl. (4.1-4) und (4.1-6) folgt auch:

$$\boxed{\frac{q_{12}}{q_{34}} = -\frac{T_1}{T_3}} \tag{4.1-12}$$

4.1.2 Linkslaufender Carnotscher Kreisprozeß

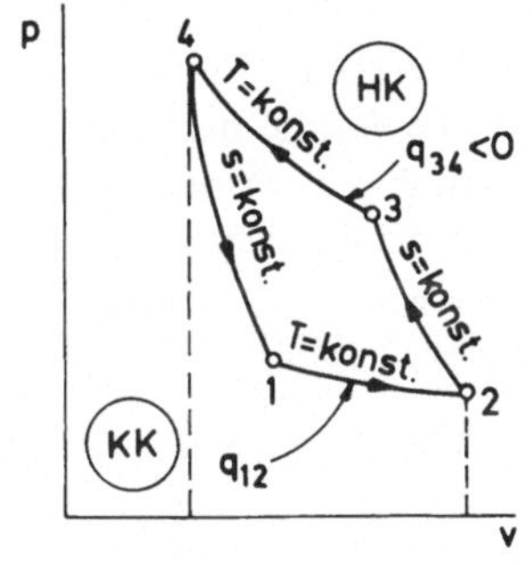

Bild 4.4
Linkslaufender Carnotprozeß im p,v-Diagramm (HK: Heißkörper; KK: Kaltkörper)

Arbeit des linkslaufenden Carnotprozesses

① → ② isotherme Expansion

$$-q_{12} = RT_1 \ln \frac{p_2}{p_1} < 0$$

② → ③ isentrope Kompression ($q_{23} = 0$)

③ → ④ isotherme Kompression

$$-q_{34} = RT_3 \ln \frac{p_4}{p_3} = RT_3 \ln \frac{p_1}{p_2} > 0$$

④ → ① isentrope Expansion ($q_{41} = 0$)

$$w_C = -q_{12} - q_{23} - q_{34} - q_{41}$$

$$w_C = R \ln \frac{p_2}{p_1} (T_1 - T_3) > 0$$

1. Beim linkslaufenden Carnotprozeß wird Arbeit verbraucht, Wärme vom Kaltkörper an das System und vom System Wärme an den Heißkörper übertragen.
2. Der linkslaufende Carnotprozeß arbeitet als Kältemaschinenprozeß.
3. Zur Bewertung der Güte eines Kältemaschinenprozesses dient die Leistungsziffer

$$\epsilon = \frac{\text{vom Kaltkörper zugeführte Wärme}}{\text{aufgewendete Arbeit}} .$$

Für den linkslaufenden Carnotprozeß ist die

Leistungsziffer bei Kältemaschinen

$$\text{Leistungsziffer: } \epsilon = q_{12}/w_c = \frac{T_1}{T_3 - T_1} \qquad (4.1\text{-}13)$$

Umkehrung des Carnotprozesses

4.1.3 Umkehrung des Carnotschen Kreisprozesses

Ist die Temperatur des Heißkörpers (HK) gleich T_3 und die Temperatur des Kaltkörpers (KK) gleich T_1, so könnte man diesen linkslaufenden Carnotprozeß in allen seinen Einzelheiten umkehren, d. h. dem Heißkörper die Wärme q_{34} entziehen, dem Kaltkörper die Wärme q_{12} zuführen, wobei die Arbeit $|w_C|$ geleistet wird. Nach der Umkehrung würde bei keinem der am Prozeß beteiligten Körper eine Veränderung gegenüber dem Ausgangszustand festzustellen sein.

Bošnjaković [4] S. 51–56; *Baehr* [2] S. 85 f.

5 A Zweiter Hauptsatz der Thermodynamik

5.1 Umkehrbare und nichtumkehrbare Prozesse

Definition eines umkehrbaren Prozesses:

Umkehrbarer (reversibler) Prozeß

Ein Prozeß heißt umkehrbar oder reversibel, wenn man alle Teilnehmer wieder in ihre Ausgangszustände zurückführen kann, ohne daß irgendwelche meßbaren und dauernden Veränderungen zurückbleiben.

Beispiele umkehrbarer Prozesse:

a) mechanische Prozesse, bei denen keine Reibung im Spiel ist
b) reibungsfreie quasistatische und adiabate Zustandsänderung.

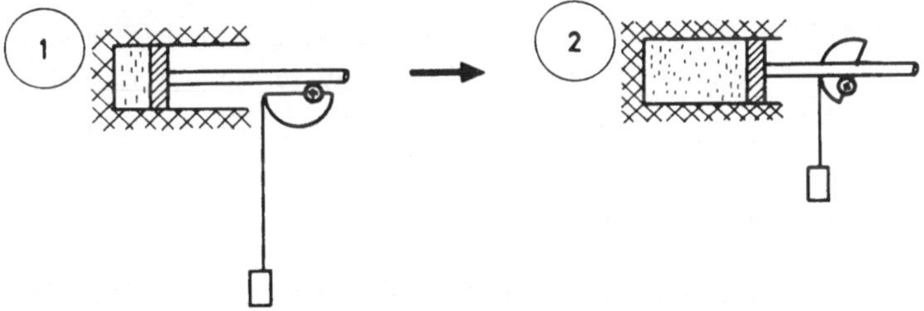

Definition eines nichtumkehrbaren Prozesses (Planck):

Ein Prozeß, der auf keine einzige Weise vollständig rückgängig gemacht werden kann, heißt irreversibel (nichtumkehrbar)[1].

Nichtumkehrbarer (irreversibler) Prozeß

1. Ein System, in dem ein nichtumkehrbarer Prozeß abläuft, kann nur dann wieder in den Ausgangszustand zurückgebracht werden, wenn weitere nicht zum System gehörige Körper ihren Zustand bleibend ändern.
2. Existenz nichtumkehrbarer Prozesse nicht beweisbar, nur durch die Erfahrung belegt.

Beispiele nichtumkehrbarer Prozesse

Beispiele nichtumkehrbarer Prozesse:

a) Temperaturausgleich verschieden temperierter Körper

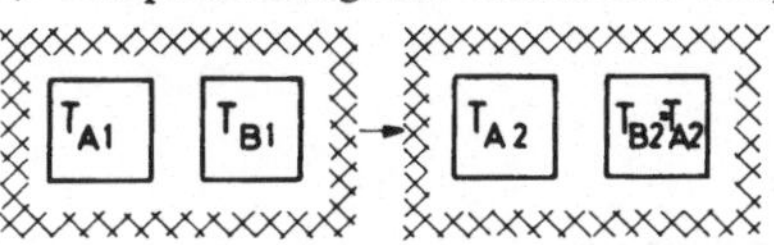

[1]) Die Betonung liegt hierbei auf dem Wort „vollständig". Zwar ist es auch bei einem irreversiblen Prozeß möglich, alle Teilnehmer wieder in den Ausgangszustand zurückzuführen, allerdings nur unter Zuhilfenahme weiterer Systeme, deren Zustand dabei eine meßbare und bleibende Änderung erfährt.

b) Reibungsvorgang

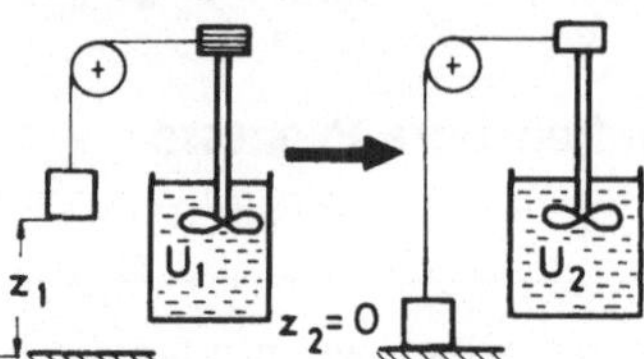

c) gewöhnliche Verbrennung

$H_2 + 1/2\, O_2 \Rightarrow H_2O$

d) Adiabater Druckausgleich

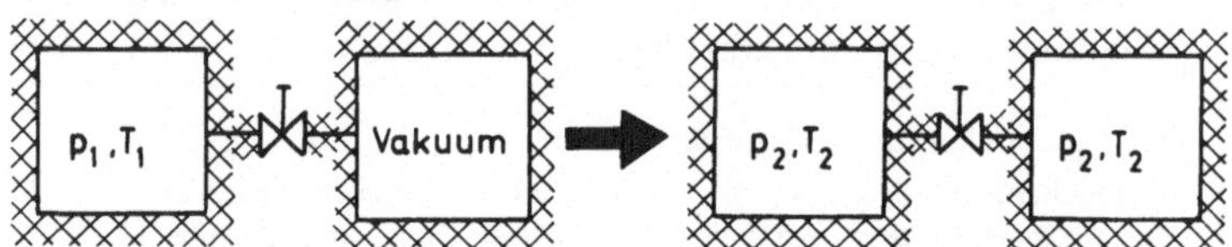

Bei nichtumkehrbaren Prozessen ist der Endzustand ② gegenüber dem Anfangszustand ① dadurch ausgezeichnet, daß ein Übergang ① → ② spontan verläuft, umgekehrt ein spontaner Übergang ② → ① in der Natur nicht beobachtet wird.

Andere Formulierung:

1. Bei einem nichtumkehrbaren Vorgang besitzt der Endzustand ② eine größere „Wahrscheinlichkeit" als der Anfangszustand ①.
2. Bei einem reversiblen Vorgang besitzt der Endzustand die gleiche „Wahrscheinlichkeit" wie der Anfangszustand.

Planck [17] S. 77-90; *Bošnjaković* [4] S. 58-62

5.2 Statistische Deutung des adiabaten Druckausgleichs

1. Expansion eines Gases aus einem Behälter mit dem Volumen V_1 in einen zweiten evakuierten Behälter mit dem Volumen V_2. Die Moleküle des Gases werden durch kugelförmige Teilchen simuliert. Alle Teilchen sind zunächst im Volumen V_1 eingeschlossen (Bild 5.1).

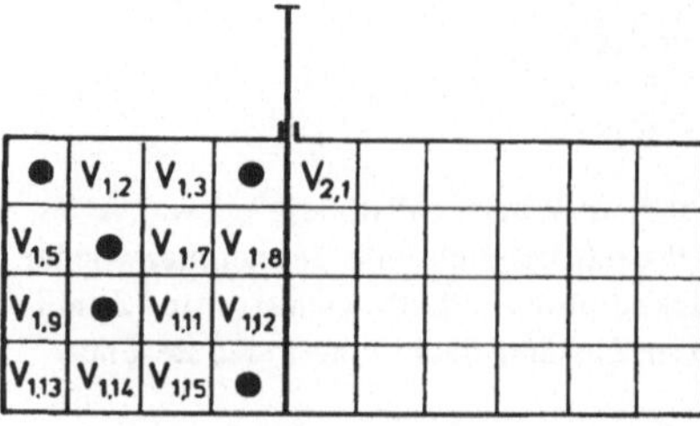

Bild 5.1
Expansion eines Gases

2. Das Volumen V_1 und das Volumen V_2 denken wir uns in g_1 bzw. g_2 gleich große Teilvolumina $V_{1,i}$ bzw. $V_{2,i}$ unterteilt.
3. Durch Angabe der belegten Teilvolumina, z.B. gemäß Bild 5.1

$$V_{1,1} \quad V_{1,4} \quad V_{1,6} \quad V_{1,10} \quad V_{1,16} \tag{5.2-1}$$

wird die räumliche Anordnung der Teilchen (Momentaufnahme) beschrieben.
4. Jede andere Kombination der Teilvolumina zu je N_1, wie z.B.

$$V_{1,\alpha_1} \quad V_{1,\alpha_2} \cdots \quad V_{1,\alpha N_1} \tag{5.2-2}$$

stellt eine neue Momentaufnahme dar. Wegen der Unterteilung in gleich große Teilvolumina V_{1i} und V_{2i} ist jede dieser Momentaufnahmen gleich wahrscheinlich, d.h. sie kommt in der Folge verschiedener Momentaufnahmen gleich häufig vor.
5. Die Zahl der möglichen verschiedenen Momentaufnahmen von Teilchen im Volumen V_1 erhält man nach den Gesetzen der Kombinatorik zu

$$G_1 = \frac{g_1 \cdot (g_1 - 1) \ldots (g_1 - N_1 + 1)}{1 \cdot 2 \cdot 3 \quad \ldots \quad N_1} = $$

$$= \frac{g_1!}{N_1!\,(g_1 - N_1)!} = \binom{g_1}{N_1}^{*)} \tag{5.2-3}$$

6. Breiten sich nach Öffnen des Schiebers die Teilchen auch auf das Volumen V_2 aus, so erhöht sich die Zahl der möglichen Momentaufnahmen für den Fall, daß gerade N_1 Teil-

---

*) Die Beziehung (5.2-3) erhält man aus folgender Überlegung: Bei nur einem Teilchen gibt es insgesamt g_1 verschiedene Anordnungen, denn das Teilchen kann jedem Teilvolumen V_{1i} zugeordnet werden. Für jede dieser Zuordnungen des ersten Teilchens zu einem Teilvolumen V_{2i} verbleiben noch $g_1 - 1$ Möglichkeiten, das zweite Teilchen zu plazieren; das ergibt insgesamt $g_1 (g_1 - 1)$ verschiedene Anordnungen für zwei Teilchen, wobei wiederum jede noch $g_1 - 2$ Möglichkeiten zur Plazierung des dritten Teilchens übrigläßt. Bei N_1 Teilchen gibt es demnach $g_1 (g_1 - 1) (g_2 - 2) \ldots (g_1 - N_1 + 1)$ verschiedene Anordnungen; darunter sind auch solche, die sich lediglich durch ihre Reihenfolge unterscheiden, wie z.B.

$V_{1,1} \quad V_{1,4} \quad V_{1,6} \quad V_{1,10} \quad V_{1,16}$ und
$V_{1,4} \quad V_{1,1} \quad V_{1,6} \quad V_{1,16} \quad V_{1,10}$

Sind die Teilchen nicht unterscheidbar, so stellen diese beiden Varianten dieselbe Momentaufnahme dar. Daher muß die Zahl der verschiedenen Anordnungen $g_1 (g_1 - 1) \ldots (g_1 - N_1 + 1)$ noch durch die Zahl der Vertauschungsmöglichkeiten $N_1!$ der N_1 Teilchen dividiert werden.

chen im Volumen V_1 und N_2 Teilchen im Volumen V_2 enthalten sind, auf

$$G = G_1 \cdot G_2 = \binom{g_1}{N_2}\binom{g_2}{N_2} \tag{5.2-4}$$

7. Gl. (5.2-4) erhält man durch folgende Überlegung: Für die N_1 Teilchen im Volumen V_1 erhält man $\binom{g_1}{N_1}$ verschiedene Momentaufnahmen und entsprechend $\binom{g_2}{N_2}$ verschiedene Momentaufnahmen für die N_2 Teilchen im Volumen V_2. Jede einzelne Momentaufnahme im Volumen V_2, kombiniert mit einer im Volumen V_1 ergibt eine neue Momentaufnahme für das Gesamtvolumen $V_1 + V_2$, d.h. für jede einzelne Momentaufnahme im Volumen V_2 gibt es insgesamt $\binom{g_1}{N_1}$ verschiedene Momentaufnahmen des Gesamtsystems; da im Volumen V_2 allein $\binom{g_2}{N_2}$ verschiedene Momentaufnahmen möglich sind, ist die Zahl für das Gesamtsystem

$$G = \binom{g_1}{N_1}\binom{g_2}{N_2}$$

8. Für N = 10 Teilchen und für $g_1 = 16$ und $g_2 = 24$ wird die Zahl der möglichen Momentaufnahmen nach Gl. (5.2-4) berechnet.

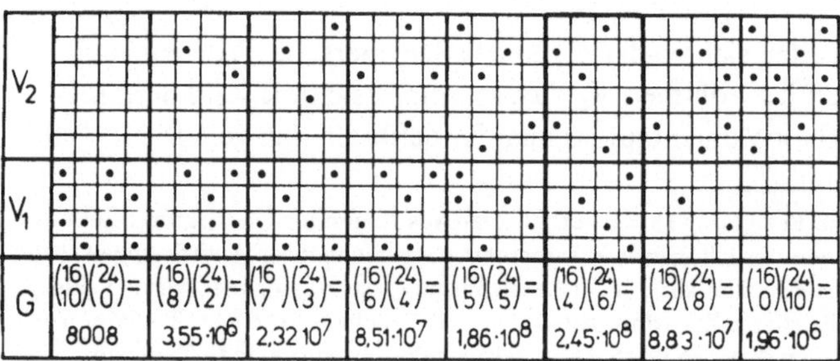

Bild 5.2 „Verschiedene Momentaufnahmen" der Verteilung von Teilchen

Die Zahl G wurde für N = 10 Teilchen, $g_1 = 16$ und $g_2 = 24$ in Abhängigkeit von der Zahl der Teilchen N_2 im Volumen V_2 aufgetragen (Bild 5.3).

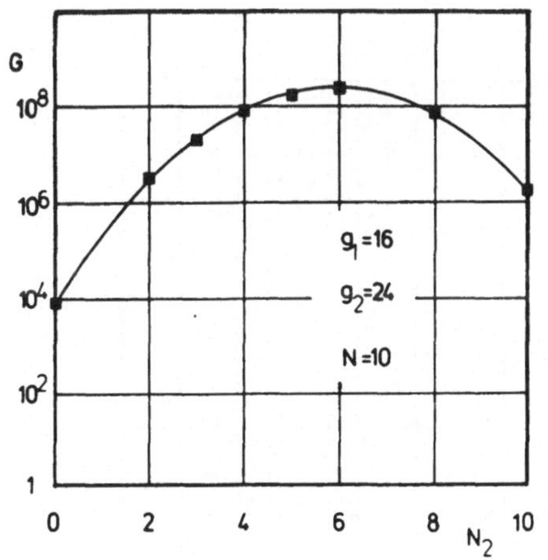

Bild 5.3
Darstellung der Ergebnisse aus Bild 5.2: Zahl der möglichen Verteilungen G aufgetragen über der Zahl der Teilchen N_2 im Volumen V_2. Das Maximum der Kurve entspricht dem Zustand größter Wahrscheinlichkeit

Folgerungen aus Bild 5.3

1. Die Zahl G nimmt einen größtmöglichen Wert an, wenn die Teilchen sich möglichst gleichmäßig auf das zur Verfügung gestellte Volumen aufteilen ($N_1/g_1 = N_2/g_2$).
2. Die Zahl G der möglichen Momentaufnahmen ist umso größer, je größer das zur Verfügung gestellte Volumen ist. In der Folge möglicherMomentaufnahmen werden daher solche häufiger auftreten, bei denen alle Teilchen sich möglichst gleichmäßig auf das gesamte zur Verfügung stehende Volumen ausbreiten. Demgegenüber ist die Zahl G für den Fall, daß alle Teilchen sich im Ausgangsvolumen V_1 aufhalten, wesentlich kleiner; ein solcher Fall wird daher vergleichsweise seltener auftreten (er ist gegenüber dem ersten weniger wahrscheinlich) und wird zudem sehr schnell wieder durch eine andere, wahrscheinlichere Momentaufnahme abgelöst.

5.3 Statistische Energieverteilung

1. Unterteilung der möglichen Energien der Teilchen in hinreichend feine, gleich große Energiestufen 0 bis ϵ, ϵ bis 2ϵ, 2ϵ bis 3ϵ usw. (Bild 5.4).
2. Den Teilchen in der Stufe 0 bis ϵ wird die Energie $\epsilon_1 = 0$ zugeordnet, denen in der Stufe ϵ bis 2ϵ die Energie $\epsilon_2 = \epsilon$, in der Stufe 2ϵ bis 3ϵ die Energie $\epsilon_3 = 2\epsilon$ usw.
3. Darüberhinaus denken wir uns jede Energiestufe ϵ_j in g_j Quantenzustände unterteilt.
4. Eine bestimmte Zuordnung von Teilchen zu Quantenzuständen kennzeichnet den sog. Mikrozustand (Bild 5.4). *Mikrozustand*

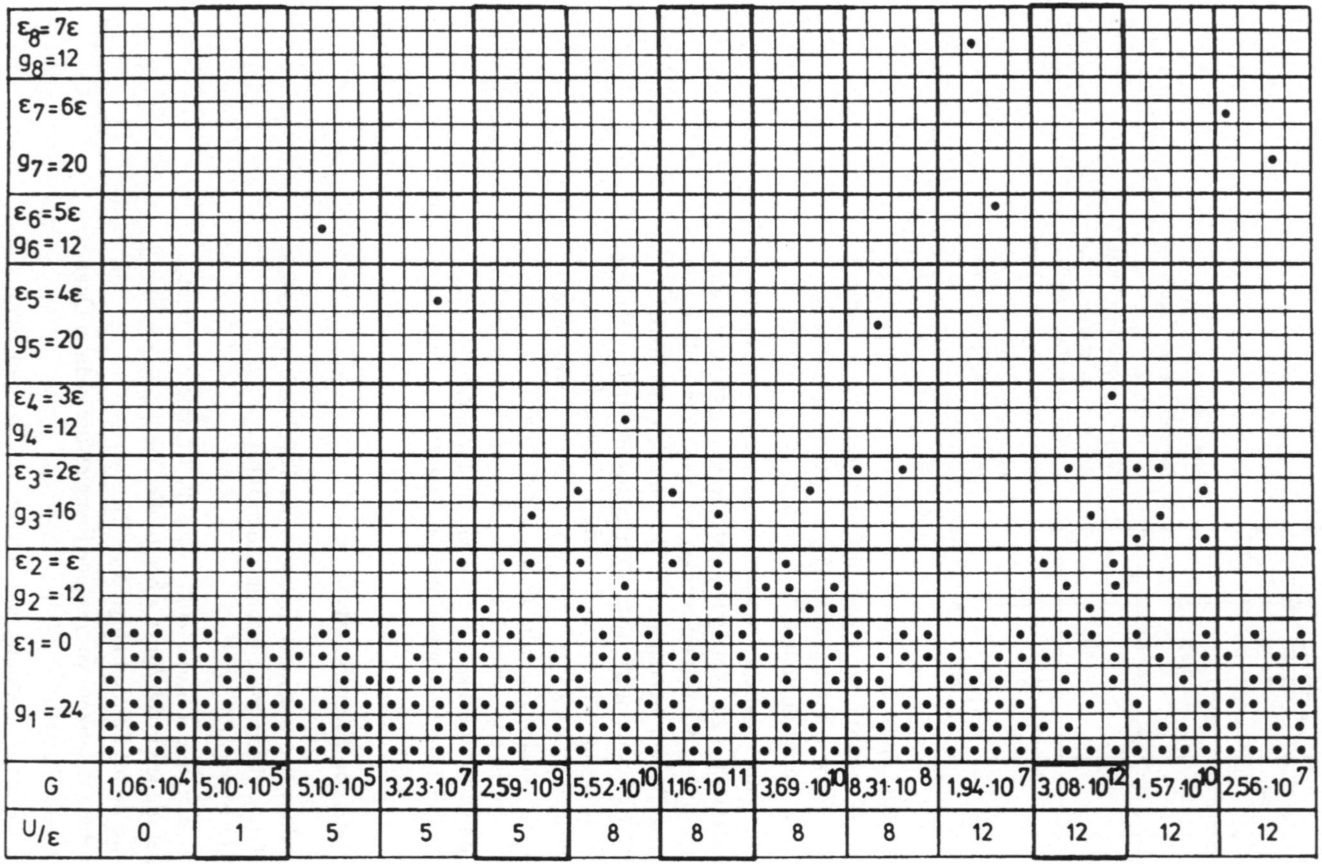

$\varepsilon_8 = 7\varepsilon$ $g_8 = 12$													
$\varepsilon_7 = 6\varepsilon$ $g_7 = 20$													
$\varepsilon_6 = 5\varepsilon$ $g_6 = 12$													
$\varepsilon_5 = 4\varepsilon$ $g_5 = 20$													
$\varepsilon_4 = 3\varepsilon$ $g_4 = 12$													
$\varepsilon_3 = 2\varepsilon$ $g_3 = 16$													
$\varepsilon_2 = \varepsilon$ $g_2 = 12$													
$\varepsilon_1 = 0$ $g_1 = 24$													
G	$1{,}06 \cdot 10^4$	$5{,}10 \cdot 10^5$	$5{,}10 \cdot 10^5$	$3{,}23 \cdot 10^7$	$2{,}59 \cdot 10^9$	$5{,}52 \cdot 10^{10}$	$1{,}16 \cdot 10^{11}$	$3{,}69 \cdot 10^{10}$	$8{,}31 \cdot 10^8$	$1{,}94 \cdot 10^7$	$3{,}08 \cdot 10^{12}$	$1{,}57 \cdot 10^{10}$	$2{,}56 \cdot 10^7$
U/ε	0	1	5	5	5	8	8	8	8	12	12	12	12

Bild 5.4 Mögliche Verteilung von Teilchen auf Energiezustände

5. Hypothese: Alle Mikrozustände sind gleich wahrscheinlich, d.h. treten in der Folge verschiedener Mikrozustände gleich häufig auf.
6. Die Zahl der Teilchen N_1 im Energiezustand ϵ_1, N_2 im Energiezustand ϵ_2, usw. kennzeichnet den sog. Makrozustand. *Makrozustand*
7. Analog zu Gl. (5.2-4) erhält man die zu einem bestimmten Makrozustand (N_1, N_2, N_3 ...) gehörenden Mikrozustände zu

$$G = G_1 \cdot G_2 \cdot G_3 \ldots = \binom{g_1}{N_1}\binom{g_2}{N_2}\binom{g_3}{N_3} \ldots \qquad (5.2\text{-}5)$$

8. Die Gesamtenergie ist

$$U = N_1 \epsilon_1 + N_2 \epsilon_2 + N_3 \epsilon_3 + \ldots \qquad (5.2\text{-}6)$$

9. In Bild 5.5 wurde die Zahl der zu einem Makrozustand gehörigen Mikrozustände G über der Gesamtenergie aufgetragen.

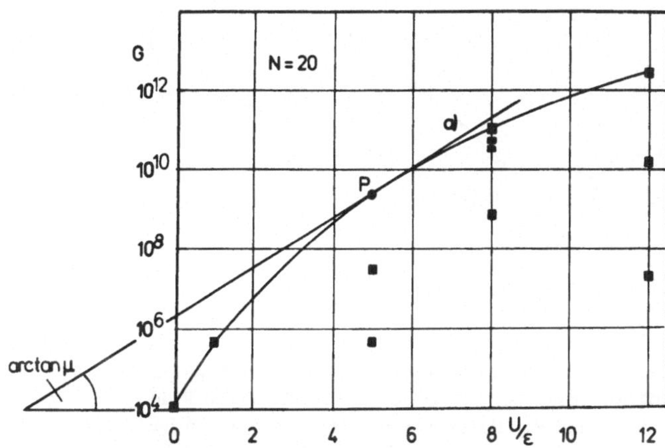

Bild 5.5 Darstellung der Ergebnisse aus Bild 5.4: Zahl der Realisierungsmöglichkeiten G aufgetragen über der Gesamtenergie U für N = 20 Teilchen. Die ausgezogene Kurve verbindet Zustände größter Wahrscheinlichkeit

a) Tangente an diese Kurve im Punkt P

Folgerungen aus Bild 5.4 und 5.5:

1. Jeder Wert der Gesamtenergie $U > 0$ läßt sich auf sehr viele Arten realisieren (Bild 5.4 und Punkte in Bild 5.5).
2. Zu jedem Wert der Gesamtenergie U gibt es einen Zustand größter Wahrscheinlichkeit (Maximalwert von G in Bild 5.5).

3. Den Zustand größter Wahrscheinlichkeit kennzeichnet eine ganz bestimmte Energieverteilung (eingerahmte Kästchen in Bild 5.4).
4. Die Steigung

$$\mu = \frac{\mathrm{dlg}\, G_{max}}{\mathrm{dU}} \qquad (5.3\text{-}1)$$

der Verbindungslinie von Zuständen größter Wahrscheinlichkeit nimmt mit zunehmender Gesamtenergie monoton ab (Bild 5.5). Nach Abschnitt 5.5 hängt μ eng mit der Temperatur zusammen!

Wahrscheinlichkeit in Abhängigkeit von Energie und Volumen

5. In Bild 5.5 ist noch nicht die Abhängigkeit der Wahrscheinlichkeit vom Volumen berücksichtigt. Mit den Ergebnissen von Abschnitt 5.2 erhält man Bild 5.6.

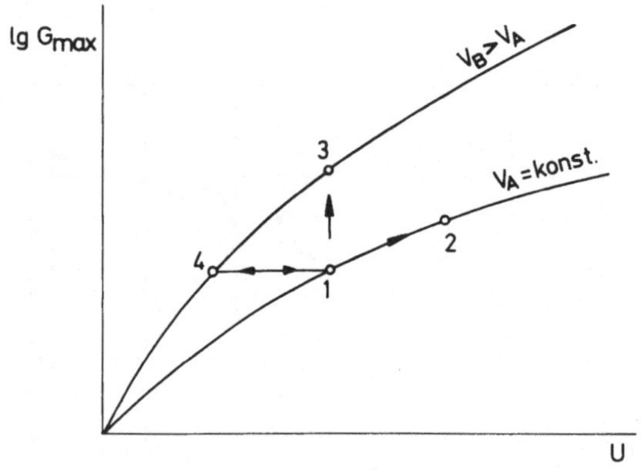

Bild 5.6. Zustände größter Wahrscheinlichkeit G_{max} als Funktion der Gesamtenergie U für zwei Werte des Volumens V_A und V_B. Bei gleicher Gesamtenergie entspricht dem größeren Volumen die größere Wahrscheinlichkeit. Irreversible Übergänge (Übergänge zu Zuständen größerer Wahrscheinlichkeit):

a) ① ⇒ ② durch Zufuhr von Reibungsarbeit bei konstantem Volumen.

b) ① ⇒ ③ Expansion bei gleicher Gesamtenergie auf ein größeres Volumen (adiabater Druckausgleich).

Reversibler Übergang (Übergang zwischen Zuständen gleicher Wahrscheinlichkeit):

① ↔ ④ reibungsfreie quasistatische und adiabate Zustandsänderung

Weitere Bemerkungen

Wahrscheinlichster Zustand

1. Bei großen Teilchenzahlen treten vom wahrscheinlichsten Zustand (auch nur geringfügig) abweichende Zustände außerordentlich selten auf. Für 10^{20} Teilchen (bei Umgebungszustand in weniger als 1 cm^3 Luft enthalten) ist eine um 0.01 ‰ von der Gleichverteilung abweichende Teilchenzahl etwa um einen Faktor $e^{-10^{10}}$ unwahrscheinlicher als die Gleichverteilung.
2. Durch die Angabe des wahrscheinlichsten Zustandes ist der thermodynamische Zustand (hinreichend) genau bestimmt. Thermodynamische Zustandsgrößen können daher als statistische Mittelwerte aufgefaßt werden.
3. Der wahrscheinlichste Zustand wird durch Angabe von z.B. G und μ ebenso bestimmt wie z.B. durch Angabe von U und V. G und μ können daher auch als Zustandsgrößen angesehen werden.
4. Sollen bei einer Zustandsänderung Anfangs- und Endzustand gleich wahrscheinlich sein, so ist G = konst. Für eine umkehrbare adiabate Expansion bzw. Kompression (G = konst) erhält man wegen du + pdv = 0 (Gl. (3.5-11))

$$\left(\frac{\partial u}{\partial v}\right)_G = -p \qquad (5.3\text{-}2)$$

5.4 Wahrscheinlichkeit und Entropie

Wir betrachten zwei voneinander unabhängige Teilsysteme i und j eines Gesamtsystems.

Für den jeweils wahrscheinlichsten Zustand ist die Zahl der Realisierungsmöglichkeiten im Teilsystem i bzw. j:
$G_{i,\,max}$ bzw. $G_{j,\,max}$.

Zahl der Realisierungsmöglichkeiten des Gesamtsystems:

$$\boxed{G = G_{i\,max}\,G_{j\,max}} \qquad (5.4\text{-}1)$$

denn jede Möglichkeit des Systems i kombiniert mit einer Möglichkeit des Systems j ergibt eine neue Möglichkeit des Gesamtsystems.

$$\lg G = \lg G_{i\,max} + \lg G_{j\,max} \qquad (5.4\text{-}1a)$$

Entropie

Es ist zweckmäßig eine neue Zustandsgröße einzuführen, die *Entropie* S, die dem Logarithmus der Wahrscheinlichkeit direkt proportional ist. Dann ist für das Gesamtsystem

$$S = S_i + S_j \qquad (5.4\text{-}2)$$

wobei $S = k \lg G$; $S_i = k \lg G_{i\,max}$; $S_j = k \lg G_{j\,max}$ (5.4-3)
mit Proportionalitätsfaktor k[1] [2]).

> 1. Die Entropie ist proportional dem Logarithmus der Wahrscheinlichkeit eines Zustandes.
> 2. Die Entropie eines Gesamtsystems ist gleich der Summe der Entropien seiner Teilsysteme.

Wie G ist S eine Zustandsgröße. Ist der Zustand eines Teilsystems außer durch seine Menge noch durch zwei unabhängige Variablen bestimmt, z. B. U_j und V_j so gilt:

$$dS_j = \left(\frac{\partial S_j}{\partial U_j}\right)_{V_j} dU_j + \left(\frac{\partial S_j}{\partial V_j}\right)_{U_j} dV_j \qquad (5.4\text{-}4)$$

Nach Gl. (5.3-1) ist für den wahrscheinlichsten Zustand

$$\left(\frac{\partial S_j}{\partial U_j}\right)_{V_j} = k\mu_j \qquad (5.4\text{-}5)$$

Außerdem wird aus Gl. (5.3-2) und (5.4-5) mit

$$\left(\frac{\partial S_j}{\partial V_j}\right)_{U_j} \left(\frac{\partial V_j}{\partial U_j}\right)_{S_j} \left(\frac{\partial U_j}{\partial S_j}\right)_{V_j} = -1$$

(vgl. die analoge Beziehung (3.1-4))

$$\left(\frac{\partial S_j}{\partial V_j}\right)_{U_j} = -\left(\frac{\partial S_j}{\partial U_j}\right)_{V_j} \cdot \left(\frac{\partial U_j}{\partial V_j}\right)_{S_j} = k\mu_j \cdot p_j \qquad (5.4\text{-}6)$$

Aus Gl. (5.4-6), (5.4-5) und (5.4-4) folgt für den Zustand größter Wahrscheinlichkeit des Teilsystems j

$$\boxed{\frac{1}{k\mu_j}\, dS_j = dU_j + p_j\, dV_j} \qquad (5.4\text{-}7)$$

Planck [18] S. 117-119; *Bošnjaković* [4] S. 114-122

5.5 Temperatur

Zwei geschlossene Systeme i, j – jeweils im Zustand größter Wahrscheinlichkeit – mit konstantem Volumen V_i bzw. V_j sind durch eine wärmeleitende Wand verbunden. Das *Gesamtsystem* sei adiabat.

---

[1]) k hat nichts mit dem Isentropenexponent zu tun.

[2]) Die Gl. (5.4-1) bis (5.4-3) gelten nicht nur für die wahrscheinlichsten Zustände der Teilsysteme, sondern allgemein.

1. Hauptsatz (adiabates System ohne Arbeitsleistung):

$$dU_i + dU_j = 0 \qquad (5.5\text{-}1)$$

Für die Entropie des Gesamtsystems gilt (Gl. (5.4-2) und (5.4-7) mit $dV_i = dV_j = 0$)):

$$dS = dS_i + dS_j = k\mu_i\, dU_i + k\mu_j\, dU_j\,. \qquad (5.5\text{-}2)$$

Hieraus mit Gl. (5.5-1)

$$dS = k(\mu_i - \mu_j)\, dU_i \qquad (5.5\text{-}2a)$$

Fallunterscheidung:

a) $k(\mu_i - \mu_j)\, dU_i = dS > 0$: irreversibler Prozeß mit Übergang zu einem wahrscheinlicheren Zustand des Gesamtsystems.

b) $k(\mu_i - \mu_j)\, dU_i = dS < 0$ unwahrscheinlicher Übergang.

c) $\mu_i = \mu_j \Rightarrow dS = 0$: Es kann kein Zustand größerer Wahrscheinlichkeit erreicht werden, d. h. kein irreversibler Prozeß ablaufen. Nach Abschnitt 1.3 ist dies die Bedingung für thermisches Gleichgewicht, d. h.

$$\boxed{\text{aus } \mu_i = \mu_j \text{ folgt } T_i = T_j} \qquad (5.5\text{-}3)$$

Diese Aussage ist unabhängig von Art und (bis auf die Temperatur) Zustand der Teilsysteme i und j. Daher ist μ eine reine Temperaturfunktion

$$\mu = \mu(T). \qquad (5.5\text{-}4)$$

$\mu(T)$ kann für ein beliebiges System (z. B. ideales Gas) bestimmt werden und ist dann allgemein gültig.

Für ideales Gas mit $dU = mc_v\, dT$ und $pV = mRT$ erhält man aus Gl. (5.4-5) und (5.4-6) für die 2. Ableitung

$$\frac{\partial^2 S_j}{\partial U_j \partial V_j} = \left(\frac{\partial k\mu_j}{\partial V_j}\right)_{U_j} = \left(\frac{\partial k\mu_j}{\partial V_j}\right)_T = 0 \qquad (5.5\text{-}5)$$

$$\frac{\partial^2 S_j}{\partial U_j \partial V_j} = \left(\frac{\partial k\mu_j p_j}{\partial U_j}\right)_{V_j} = \frac{k\, m_j R_j}{m_j c_{v_j}} \left[\frac{\partial}{\partial T_j}\left(\frac{\mu_j \cdot T_j}{V_j}\right)\right]_{V_j} \qquad (5.5\text{-}6)$$

Aus Gl. (5.5-5) und (5.5-6) folgt $\mu_j T_j$ = konst; Konstante willkürlich so festgelegt, daß

$$\boxed{\mu_j = \frac{1}{kT_j}} \qquad (5.5\text{-}7)$$

Temperatur

Damit wird Gl. (5.4-7)

$$\boxed{T_j\, dS_j = dU_j + p_j\, dV_j} \tag{5.5-8}$$

Aus Gl. (5.5-2a) folgt noch

$$dS = \left(\frac{1}{T_i} - \frac{1}{T_j}\right) dU_i$$

Übergang zu einem wahrscheinlicheren Zustand des Gesamtsystems nur möglich, wenn

$$\frac{1}{T_i} > \frac{1}{T_j} \quad \text{für} \quad dU_i > 0$$

oder (5.5-9)

$$\frac{1}{T_i} < \frac{1}{T_j} \quad \text{für} \quad dU_i < 0\,,$$

Satz von Clausius

d. h. Wärmeübergang erfolgt „von selbst" immer nur vom wärmeren auf den kälteren Körper; andere Formulierung (Satz von Clausius):

> Wärme kann nicht von selbst von einem kälteren auf einen wärmeren Körper übergehen, weder direkt noch indirekt.

Aus Gl. (5.5-2) kann für positive Temperatur noch gefolgert werden:

> Beim Wärmeaustausch nimmt die Entropie des wärmeaufnehmenden Systems zu, dagegen die Entropie des wärmeabgebenden Systems um einen kleineren (oder höchstens gleich großen) Betrag ab.

5.6 Zweiter Hauptsatz für geschlossene Systeme[1]

Zweiter Hauptsatz der Thermodynamik

1. Für jedes Teilsystem j, dessen innerer Zustand durch die Mengen der darin enthaltenen Stoffe sowie durch die Angabe von zwei (oder mehr) unabhängigen Zustandsgrößen beschrieben ist, gibt es eine extensive Zustandsgröße, die Entropie S_j.

[1] In enger Anlehnung an *Haase* [11].

2. Für das Differential der Entropie S_j gilt bei Konstanz der Massen und bei zwei unabhängigen Zustandsgrößen (z.B. U_j und V_j)[1]:

$$\boxed{T_j\, dS_j = dU_j + p_j\, dV_j} \qquad (5.6\text{-}1)$$

3. Besteht ein System aus mehreren unabhängigen Teilsystemen, so ist die Entropie S des Gesamtsystems:

$$\boxed{S = \sum_j S_j} \qquad (5.6\text{-}2)$$

4. Bei einer beliebigen Zustandsänderung (I) ⇒ (II) des Gesamtsystems ist die Entropieänderung

$$\boxed{\Delta S = S_{II} - S_I = S_{aust\,I\,II} + S_{irr\,I\,II}} \qquad (5.6\text{-}3)$$

Dabei bedeutet $S_{aust\,I\,II}$ den *Entropieaustausch*, der durch Wärme- und evtl. durch Stoffaustausch mit anderen Systemen bedingt ist; $S_{irr\,I\,II}$ wird als *Entropieerzeugung* oder Entropieproduktion bezeichnet. Die Entropieerzeugung ist ein Maß für die Irreversibilitäten des Prozesses.

Entropieaustausch
Entropieerzeugung

Es ist stets

$S_{irr\,I\,II} > 0$ für nichtumkehrbaren (irreversiblen) Prozeß
$S_{irr\,I\,II} = 0$ für umkehrbaren (reversiblen) Prozeß (5.6-4)

Haase [11] S. 24–26

5.7 Zusammenhang zwischen Wärmeaustausch und Entropieänderung

Für eine quasistatische Zustandsänderung des Teilsystems j gilt nach Gl. (3.5-2) und Gl. (5.6-1)

$$\partial Q_j + \partial W_{R_j} = dU_j + p_j\, dV_j = T_j\, dS_j \qquad (5.7\text{-}1)$$

Die dem Teilsystem zugeführte Wärme ∂Q_j wird aufgeteilt in einen Anteil $\partial_i Q_j$, den „inneren" Wärmeaustausch des Teilsystems j mit anderen Teilsystemen, und einen Anteil $\partial_a Q_j$,

Entropie und Wärme

[1]) Bei Nichtkonstanz der Massen oder bei mehr als zwei unabhängigen Zustandsgrößen muß dieser Ausdruck entsprechend abgeändert werden, siehe *Haase* [11].

den „äußeren" Wärmeaustausch mit Körpern außerhalb des Gesamtsystems, siehe Skizze.

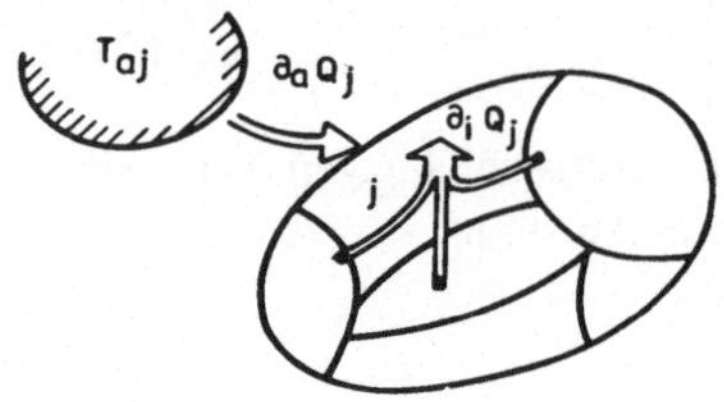

Für die Entropieänderung des Gesamtsystems gilt dann (Gl. (5.6-2) und (5.6-3)):

$$\Delta S = S_{II} - S_I = \int_I^{II} \sum_j dS_j = \underbrace{\int_I^{II} \sum_j \frac{\partial_a Q_j}{T_j}}_{\tilde{S}_{aust\,I\,II}} + \underbrace{\int_I^{II} \sum_j \frac{\partial_i Q_j}{T_j} + \int_I^{II} \sum_j \frac{\partial W_{Rj}}{T_j}}_{\tilde{S}_{irr\,I\,II}} \qquad (5.7\text{-}1)$$

Werden anstelle der Temperaturen T_j die Temperaturen T_{aj} der Körper eingesetzt, mit denen der äußere Wärmeaustausch erfolgt, so erhält man eine Aufteilung

$$\Delta S = S_{II} - S_I = \underbrace{\int_I^{II} \sum_j \frac{\partial_a Q_j}{T_{aj}}}_{S_{aust\,I\,II}} + \underbrace{\int_I^{II} \sum_j \partial_a Q_j \left(\frac{1}{T_j} - \frac{1}{T_{aj}}\right) + \int_I^{II} \sum_j \frac{\partial_i Q_j}{T_j} + \int_I^{II} \sum_j \frac{\partial W_{Rj}}{T_j}}_{S_{irr\,I\,II}} \qquad (5.7\text{-}2)$$

bei der der irreversible Wärmeaustausch nach „außen" mit in die Entropieerzeugung $S_{irr\,I\,II}$ einbezogen ist.

Bleiben die Temperaturen T_{aj} während der Zustandsänderung (I) → (II) konstant, so folgt aus Gl. (5.7-2):

$$\Delta S = S_{II} - S_I = \sum_j \frac{Q_{aj\,I\,II}}{T_{aj}} + S_{irr\,I\,II} \qquad (5.7\text{-}2a)$$

Haase [11] S. 32–36

5.8 Entropie, Enthalpie und innere Energie einfacher Stoffe

Ausgehen von Gl. (5.6-1) für einen einfachen homogenen Stoff

$$TdS = dU + pdV \quad \text{bzw.} \quad Tds = du + pdv \qquad (5.8\text{-}1)$$

Mit der Definitionsgleichung der spezifischen Enthalpie

$$h = u + pv \quad \text{bzw.} \quad dh = du + pdv + vdp \qquad (5.8\text{-}2)$$

wird

$$\boxed{ds = \frac{du + pdv}{T} = \frac{dh - vdp}{T}} \qquad (5.8\text{-}3)$$

bzw.

$$\boxed{s_2 - s_1 = \int_1^2 \frac{du + pdv}{T} = \int_1^2 \frac{dh - vdp}{T}} \qquad (5.8\text{-}3a)$$

5.8.1 Entropie idealer Gase

$$du = c_v dT; \; dh = c_p dT; \; \frac{p}{T} = \frac{R}{v}; \; \frac{v}{T} = \frac{R}{p} \; \text{(ideale Gase)} \qquad (5.8\text{-}3b)$$

$$ds = \frac{c_v}{T} dT + R \frac{dv}{v} = \frac{c_p}{T} dT - R \frac{dp}{p} \qquad (5.8\text{-}3c)$$

Gl. (5.8-3c) kann sofort integriert werden, weil $\frac{c_v}{T}$ bzw. $\frac{c_p}{T}$ für ideale Gase reine Temperaturfunktionen sind:

$$s_2 - s_1 = \int_{T_1}^{T_2} \frac{c_v}{T} dT + R \int_{v_1}^{v_2} \frac{dv}{v} = \int_{T_1}^{T_2} \frac{c_p}{T} dT - R \int_{p_1}^{p_2} \frac{dp}{p}$$

Daraus folgt:

$$\boxed{s_2 - s_1 = \int_{T_1}^{T_2} \frac{c_v}{T} dT + R \ln \frac{v_2}{v_1} = \int_{T_1}^{T_2} \frac{c_p}{T} dT - R \ln \frac{p_2}{p_1} \; \text{(ideale Gase)}} \qquad (5.8\text{-}4)$$

Entropie idealer Gase

Sind c_v bzw. c_p unabhängig von T (ideales Gas konst. spez. Wärmekapazität):

$$\boxed{\begin{aligned} s_2 - s_1 &= c_v \ln \frac{T_2}{T_1} + R \ln \frac{v_2}{v_1} \\ s_2 - s_1 &= c_p \ln \frac{T_2}{T_1} - R \ln \frac{p_2}{p_1} \end{aligned}}$$

id. Gas konst. spez. Wärmekapazität (5.8-4a)

5.8.2 Entropie beliebiger Stoffe, deren Zustand durch zwei unabhängige Zustandsgrößen eindeutig bestimmt ist

$$u = u(T, v); \quad du = \left(\frac{\partial u}{\partial T}\right)_v dT + \left(\frac{\partial u}{\partial v}\right)_T dv$$

$$h = h(T, p); \quad dh = \left(\frac{\partial h}{\partial T}\right)_p dT + \left(\frac{\partial h}{\partial p}\right)_T dp$$

Eingesetzt in Gleichung (5.8-3):

$$\begin{aligned} ds &= \frac{1}{T}\left(\frac{\partial u}{\partial T}\right)_v dT + \left[\frac{1}{T}\left(\frac{\partial u}{\partial v}\right)_T + \frac{p}{T}\right] dv \\ &= \frac{1}{T}\left(\frac{\partial h}{\partial T}\right)_p dT + \left[\frac{1}{T}\left(\frac{\partial h}{\partial p}\right)_T - \frac{v}{T}\right] dp \end{aligned} \tag{5.8-5}$$

Als Zustandsgröße:

$$\begin{aligned} s &= s(T, v); \quad ds = \left(\frac{\partial s}{\partial T}\right)_v dT + \left(\frac{\partial s}{\partial v}\right)_T dv \\ s &= s(T, p); \quad ds = \left(\frac{\partial s}{\partial T}\right)_p dT + \left(\frac{\partial s}{\partial p}\right)_T dp \end{aligned} \tag{5.8-6}$$

Vergleich mit (5.8-5):

$$\left(\frac{\partial s}{\partial T}\right)_v = \frac{1}{T}\left(\frac{\partial u}{\partial T}\right)_v = \frac{c_v}{T} \tag{5.8-7}$$

$$\left(\frac{\partial s}{\partial v}\right)_T = \frac{1}{T}\left(\frac{\partial u}{\partial v}\right)_T + \frac{p}{T} \tag{5.8-8}$$

$$\left(\frac{\partial s}{\partial T}\right)_p = \frac{1}{T}\left(\frac{\partial h}{\partial T}\right)_p = \frac{c_p}{T} \tag{5.8-9}$$

$$\left(\frac{\partial s}{\partial p}\right)_T = \frac{1}{T}\left(\frac{\partial h}{\partial p}\right)_T - \frac{v}{T} \tag{5.8-10}$$

Maxwellsche Beziehungen

Mit Hilfe der Gleichungen (5.8-7) und (5.8-8) folgt durch nochmalige Differentiation

$$\frac{\partial^2 s}{\partial T \partial v} = \frac{1}{T}\frac{\partial^2 u}{\partial T \partial v} = -\frac{1}{T^2}\left(\frac{\partial u}{\partial v}\right)_T + \frac{1}{T}\frac{\partial^2 u}{\partial T \partial v} - \frac{p}{T^2} + \frac{1}{T}\left(\frac{\partial p}{\partial T}\right)_v$$

$$\Longrightarrow \boxed{\left(\frac{\partial u}{\partial v}\right)_T + p = T\left(\frac{\partial p}{\partial T}\right)_v = p \cdot \beta} \qquad (5.8\text{-}11)$$

($\beta \equiv$ isochorer Spannungskoeffizient → Abschnitt 3.2.4)

Entsprechend mit Hilfe der Gleichungen (5.8-9) und (5.8-10):

$$\frac{\partial^2 s}{\partial T \partial p} = \frac{1}{T}\frac{\partial^2 h}{\partial T \partial p} = -\frac{1}{T^2}\left(\frac{\partial h}{\partial p}\right)_T + \frac{1}{T}\frac{\partial^2 h}{\partial T \partial p} + \frac{v}{T^2} - \frac{1}{T}\left(\frac{\partial v}{\partial T}\right)_p$$

$$\Longrightarrow \boxed{\left(\frac{\partial h}{\partial p}\right)_T - v = -T\left(\frac{\partial v}{\partial T}\right)_p = -\alpha \cdot v} \qquad (5.8\text{-}12)$$

($\alpha \equiv$ isobarer Ausdehnungskoeffizient → Abschnitt 3.2.4)

In Gl. (5.8-5) eingesetzt:

$$ds = \frac{c_v}{T}\,dT + \left(\frac{\partial p}{\partial T}\right)_v dv = \frac{c_v}{T}\,dT + \beta\,\frac{p}{T}\,dv \qquad (5.8\text{-}13)$$

$$ds = \frac{c_p}{T}\,dT - \left(\frac{\partial v}{\partial T}\right)_p dp = \frac{c_p}{T}\,dT - \alpha\,\frac{v}{T}\,dp \qquad (5.8\text{-}14)$$

$$\Longrightarrow (c_p - c_v)\,\frac{dT}{T} = \left(\frac{\partial v}{\partial T}\right)_p dp + \left(\frac{\partial p}{\partial T}\right)_v dv$$

$$\boxed{c_p - c_v = T\left(\frac{\partial v}{\partial T}\right)_p\left(\frac{\partial p}{\partial T}\right)_v = -T\left(\frac{\partial p}{\partial v}\right)_T \cdot \left(\frac{\partial v}{\partial T}\right)_p^2 = \frac{pv}{T}\,\frac{\alpha^2}{\gamma}} \qquad (5.8\text{-}15)$$

($\gamma \equiv$ isothermer Kompressibilitätskoeffizient → Abschnitt 3.2.4)

Für die Integration von Gl. (5.8-13) kann ein ganz beliebiger Weg gewählt werden; z. B. zunächst bei konstantem Volumen v_1 von T_1 bis T_2, dann bei konstantem T_2 von v_1 bis v_2, (s. Bild 5.7).

$$s_2 - s_1 = \int_{T_1}^{T_2} {}^{(v_1)} \frac{c_v}{T}\,dT + \int_{v_1}^{v_2} {}^{(T_2)} \left(\frac{\partial p}{\partial T}\right)_v dv$$

$$= \int_{T_1}^{T_2} {}^{(v_1)} \frac{c_v}{T}\,dT + \int_{v_1}^{v_2} {}^{(T_2)} \beta \cdot \frac{p}{T}\,dv \qquad (5.8\text{-}16)$$

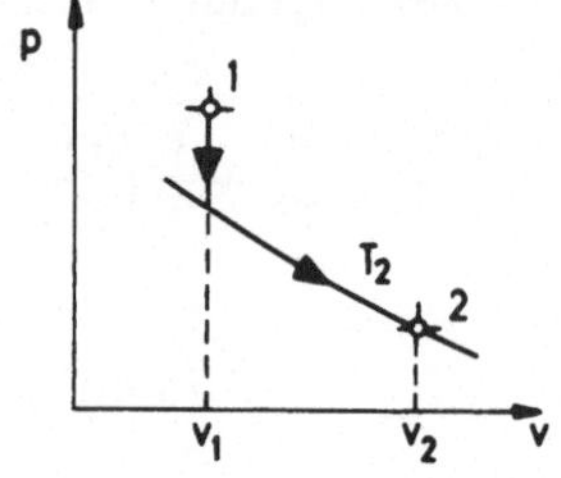

Bild 5.7
Integrationsweg zur Berechnung der Entropieänderung nach Gl. 5.8–16

Ebenso wird Gl. (5.8-14) integriert, z. B. zunächst bei p_1 = konst von T_1 bis T_2 und dann bei T_2 = konst von p_1 bis p_2 (Bild 5.8):

$$s_2 - s_1 = \overset{(p_1)}{\int_{T_1}^{T_2}} \frac{c_p}{T}\, dT - \overset{(T_2)}{\int_{p_1}^{p_2}} \left(\frac{\partial v}{\partial T}\right)_p dp$$

$$= \overset{(p_1)}{\int_{T_1}^{T_2}} \frac{c_p}{T}\, dT - \overset{(T_2)}{\int_{p_1}^{p_2}} \alpha \cdot \frac{v}{T}\, dp \qquad (5.8\text{-}17)$$

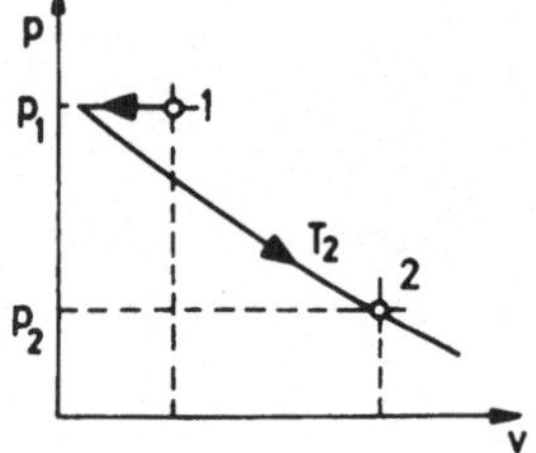

Bild 5.8
Integrationsweg zur Berechnung der Entropieänderung nach Gl. 5.8–17

5.8.3 Enthalpie und innere Energie beliebiger Stoffe, deren Zustand durch zwei unabhängige Zustandsgrößen eindeutig bestimmt ist

Enthalpie (mit Gl. (5.8-12) und (3.3-8))

$$dh = \left(\frac{\partial h}{\partial T}\right)_p dT + \left(\frac{\partial h}{\partial p}\right)_T dp$$

$$= c_p\, dT + \left[v - T\left(\frac{\partial v}{\partial T}\right)_p\right] dp$$

$$\boxed{h_2 - h_1 = \overset{(p_1)}{\int_{T_1}^{T_2}} c_p\, dT + \overset{(T_2)}{\int_{p_1}^{p_2}} \left[v - T\left(\frac{\partial v}{\partial T}\right)_p\right] dp} \qquad (5.8\text{-}18)$$

innere Energie (mit Gl. (5.8-11) und 3.3-3))

$$du = \left(\frac{\partial u}{\partial T}\right)_v dT + \left(\frac{\partial u}{\partial v}\right)_T dv$$

$$= c_v dT - \left[p - T\left(\frac{\partial p}{\partial T}\right)_v\right] dv$$

$$\boxed{u_2 - u_1 = \int_{T_1}^{T_2}{}^{(v_1)} c_v dT - \int_{v_1}^{v_2}{}^{(T_2)} \left[p - T\left(\frac{\partial p}{\partial T}\right)_v\right] dv} \qquad (5.8\text{-}19)$$

Bošnjaković [4] S. 95–97; *Baehr* [2] S. 178 f.

Zur zahlenmäßigen Auswertung dieser Integrale ist die Kenntnis der Ausdrücke

$$\left(\frac{\partial v}{\partial T}\right)_p \quad \text{bzw.} \quad \left(\frac{\partial p}{\partial T}\right)_v$$

Spezialfälle:

a) ideale Gase: $\alpha = 1$ und $v/T = R/p$; damit 5.8-17 ⇒ 5.8-4
$\beta = 1$ und $p/T = R/v$; damit 5.8-16 ⇒ 5.8-4

b) feste Körper und Flüssigkeiten (1. Näherung)

Feste und flüssige Körper können oft in 1. Näherung als inkompressibel angesehen werden (v = konst).

und damit der thermischen Zustandsgleichung erforderlich, vgl. Abschnitt 6.1 und 6.2.

Dann ist $\alpha = \frac{T}{v}\left(\frac{\partial v}{\partial T}\right)_p = 0$ und nach Gl. (5.8-15)

$$\boxed{c_p = c_v = c_F} \quad \text{feste und flüssige Körper} \qquad (5.8\text{-}20)$$

Aus Gl. (5.8-17) folgt

$$\boxed{s_2 - s_1 = \int_{T_1}^{T_2} \frac{c_F}{T} dT} \quad \text{inkompressible feste und flüssige Körper} \qquad (5.8\text{-}21)$$

Entropie inkompressibler Körper

Aus Gl. (5.8-18) wird

$$h_2 - h_1 = \int_{T_1}^{T_2} c_F dT + v(p_2 - p_1) \qquad (5.8\text{-}22)$$

Enthalpie inkompressibler Körper

und aus Gl. (5.8-19)

innere Energie inkompressibler Körper

$$u_2 - u_1 = \int_{T_1}^{T_2} c_F \, dT \qquad (5.8\text{-}23)$$

Bošnjaković [4] S. 83–87

5.9 T, s-Diagramm für einfache Stoffe

Voraussetzung: quasistatische Zustandsänderungen

Ausgehen von Gleichung (5.8-3)

$$ds = (du + pdv)/T = (dh - vdp)/T$$

Integration längs eines beliebigen Weges a

$$\int_1^{2\,(a)} T\,ds = u_2 - u_1 + \int_1^{2\,(a)} pdv = h_2 - h_1 - \int_1^{2\,(a)} vdp \qquad (5.9\text{-}1)$$

1. Hauptsatz für geschlossenes System bei quasistatischer Zustandsänderung (Teil 3.5):

$$q_{12} + w_{R_{12}} = u_2 - u_1 + \int_1^{2\,(a)} pdv$$

Aus $T\,ds = du + p\,dv = \partial q + \partial w_R$ erhält man durch Integration

$$\boxed{\int_1^{2\,(a)} T\,ds = q_{12} + w_{R_{12}}} \qquad (5.9\text{-}2)$$

Wärmezufuhr und Reibungsarbeit im T, s-Diagramm

Nach Gl. (5.9-1) ist längs einer Linie p = konst:

$$\int_1^{2\,(p)} T\,ds = h_2 - h_1 \qquad (5.9\text{-}3)$$

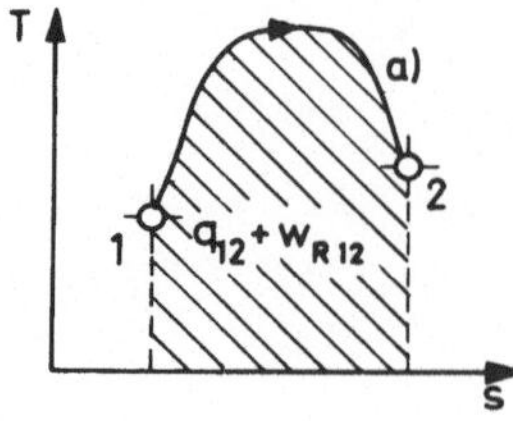

Bild 5.9
Darstellung der Wärmezufuhr und Reibungsarbeit im T, s-Diagramm

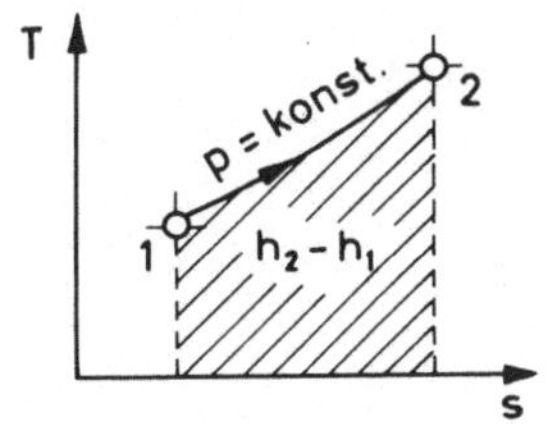

Bild 5.10
Enthalpiedifferenz als Fläche unter einer Isobaren

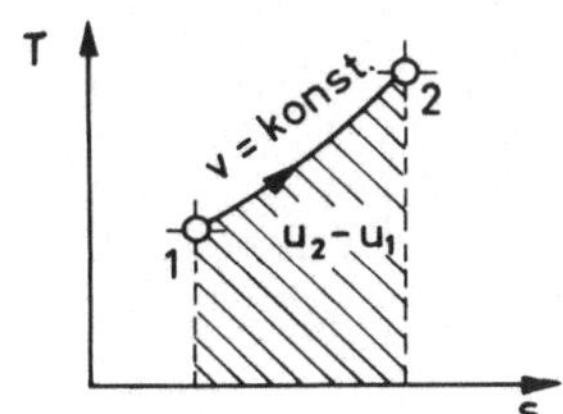

Bild 5.11
Änderung der inneren Energie als Fläche unter einer Isochoren

und längs einer Linie v = konst:

Darstellung von Enthalpie- und Energiedifferenzen im T, s-Diagramm

$$\int_1^{2 \,(v)} T\,ds = u_2 - u_1 \qquad (5.9\text{-}4)$$

Aus $T\,ds = du + pdv = dh - vdp$ folgt auch

$$\left(\frac{\partial s}{\partial T}\right)_v = \frac{1}{T}\left(\frac{\partial u}{\partial T}\right)_v = \frac{c_v}{T};\quad \left(\frac{\partial s}{\partial T}\right)_p = \frac{1}{T}\left(\frac{\partial h}{\partial T}\right)_p = \frac{c_p}{T} \qquad (5.9\text{-}5)$$

d.h. die spezifische Wärmekapazität c_p bzw. c_v erscheint als Subtangente an die Isobare bzw. Isochore (Bild 5.12).

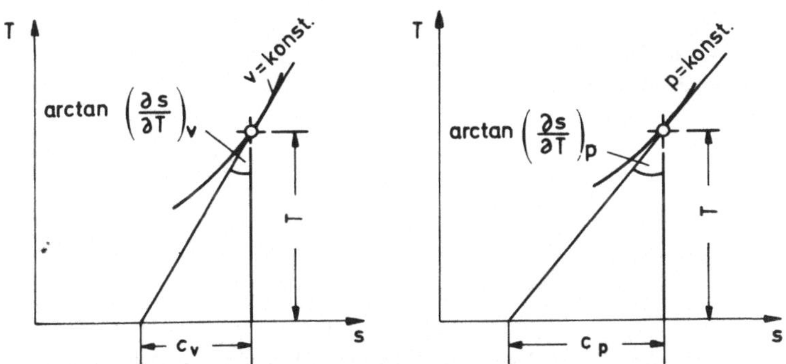

Bild 5.12 Die spezifische Wärmekapazität c_p bzw. c_v erscheint im T, s-Diagramm als Subtangente der Isobaren bzw. der Isochoren. Wegen $c_v < c_p$ (Gl. (5.8-15)) verläuft die Isochore im T, s-Diagramm steiler als die Isobare

5.9.1 Darstellung von Prozeßgrößen im T, s-Diagramm

1. *Beispiel:*

adiabate, reibungsbehaftete Kompression

adiabate reibungsbehaftete Kompression mit quasistatischer Zustandsänderung ① → ②

Aus Gl. (5.9-2) folgt für den adiabaten Prozeß:

$$\overset{(ad)}{\int_1^2} T\,ds = \underset{0}{\cancel{q_{12}}} + w_{R_{12}} \qquad (5.9\text{-}6)$$

Nach den 1. Hauptsatz für geschlossene Systeme ist

$$\underset{0}{\cancel{q_{12}}} + w_{12} = u_2 - u_1 \qquad (5.9\text{-}7)$$

Für quasistatische Zustandsänderungen ist mit (3.5-1)

adiabate Kompression im p, v- und T, s-Diagramm

$$w_{R_{12}} = u_2 - u_1 + \int_1^2 p\,dv \qquad (5.9\text{-}8)$$

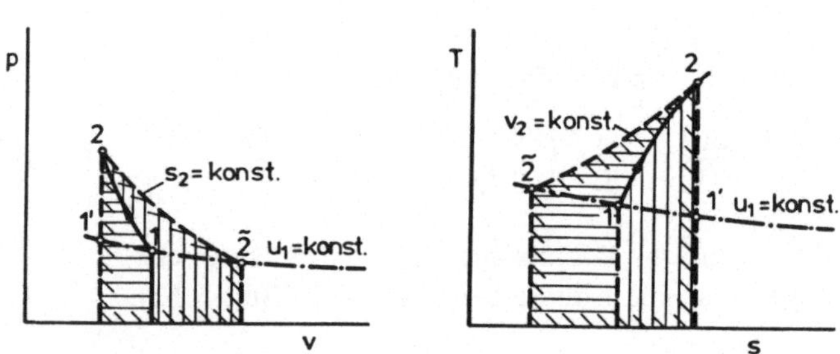

Bild 5.13 Adiabate reibungsbehaftete Kompression im p, v-Diagramm und im T, s-Diagramm

$w_{R_{12}} = \overset{(ad)}{\int_1^2} T\,ds$ (nach Gl. (5.9-6))

im T, s-Diagramm: Fläche unter der Linie ① → ②

im p, v-Diagramm: Differenz der Flächen $\overset{(s)}{\int_2^{\tilde{2}}} p\,dv = w_{12}$ und $\overset{(ad)}{\int_2^1} p\,dv$

$w_{12} = u_2 - u_1$ (nach Gl. (5.9-7))

im T, s-Diagramm: Fläche unter der Isochoren $\tilde{2}$ → ② mit $u_{\tilde{2}} = u_1$

im p, v-Diagramm: Fläche unter der Isentropen ② → $\tilde{2}$ mit $u_{\tilde{2}} = u_1$

$- \overset{(ad)}{\int_1^2} p\,dv$

im T, s-Diagramm: Differenz der Flächen w_{12} und w_{R12}

im p, v-Diagramm: Fläche unter der Linie ② → ①

2. *Beispiel:*

Reversibler rechtslaufender Carnotprozeß.
Nach Gl. (4.1-9a) ist: $w_c = - q_{12} - q_{34}$.

Für reibungsfreie Zustandsänderungen ist nach Gl. (5.9-2):

Carnotprozeß im p, v- und T, s-Diagramm

$$\int_1^2 T\,ds = T_1\,(s_2 - s_1) = q_{12} + w_{R_{12}} > 0 \quad (w_{R_{12}} = 0)$$

und $$\int_3^4 T\,ds = T_3\,(s_4 - s_3) = T_3\,(s_1 - s_2) = q_{34} < 0$$

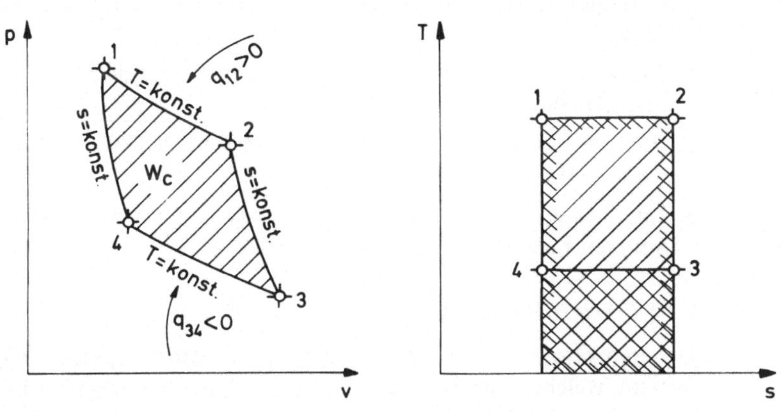

Bild 5.14. Reversibler Carnotprozeß im p,v-Diagramm und im T, s-Diagramm
vom Carnotprozeß abgegebene Arbeit $|w_C| = q_{12} + q_{34}$;
zugeführte Wärme q_{12};
abgeführte Wärme $|q_{34}|$

Baehr [2] S. 109–112

5 B Offene Systeme

5.10 Erster und zweiter Hauptsatz für ein offenes System

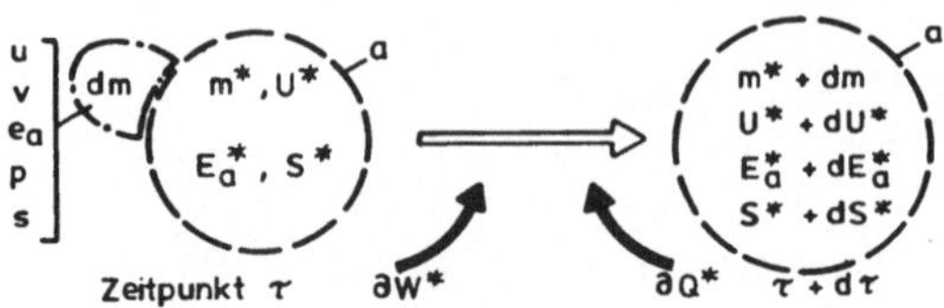

Das offene System wird von der Bilanzhülle a begrenzt. Während der Zeit $d\tau$:

1. Registrierung einer Arbeit ∂W^* und einer Wärme ∂Q^* über die Bilanzhülle a des offenen Systems.
2. Registrierung einer Masse dm (mit dem Volumen $dV = -v\,dm$), die über die Bilanzhülle a strömt.
3. Im offenen System Änderung der inneren Energie dU^*, der äußeren Energie dE_a^*, der Entropie dS^*.

5.10.1 Erster Hauptsatz

Der erste Hauptsatz (Gl. (2.3-1)) angewendet auf das (geschlossene) System, welches zum Zeitpunkt τ das durch die Bilanzhülle a begrenzte (offene) System und die Zusatzmasse dm umfaßt:

$$\partial Q + \partial W = U^* + dU^* - (U^* + u\,dm) + E_a^* + dE_a^* - (E_a^* + e_a\,dm) \qquad (5.10\text{-}1)$$

Die Arbeit $-p\,dV$ zum Einschieben der Masse dm wird üblicherweise nicht in die Arbeit am offenen System einbezogen, also:

Arbeit und Wärme am offenen System

Arbeit am offenen System: $\partial W^* = \partial W + p\,dV$ (5.10-2)

Wärme am offenen System: $\partial Q^* = \partial Q$

Aus Gl. (5.10-1) und Gl. (5.10-2)

$$\boxed{\partial Q^* + \partial W^* = dU^* + dE_a^* - dm\,(u + pv + e_a)} \qquad (5.10\text{-}3)$$

Läuft der Prozeß im Zeitintervall τ_I bis τ_{II}, so folgt aus Gl. (5.10-3) durch Integration mit $dm = \dot{m}\,d\tau$

$$Q_{I\,II}^* + W_{I\,II}^* = U_{II}^* - U_I^* + E_{aII}^* - E_{aI}^* - \int_{\tau_I}^{\tau_{II}} (u + pv + e_a)\,\dot{m}\,d\tau \qquad (5.10\text{-}4)$$

Mit den zeitlichen Ableitungen $\dot{Q}^*, \dot{W}^*, \dot{U}^*, \dot{E}_a^*$ und $\dot{m}$ folgt aus Gl. (5.10-3) und mit Gl. (3.3-5)

$$\boxed{\dot{Q}^* + \dot{W}^* = \dot{U}^* + \dot{E}_a^* - \dot{m}(h + e_a)} \qquad (5.10\text{-}5)$$

Verallgemeinerung von Gl. (5.10-5) auf mehrere Massenströme $\dot{m}_i$

1. Hauptsatz für offene Systeme

$$\boxed{\dot{Q}^* + \dot{W}^* = \dot{U}^* + \dot{E}_a^* - \sum_i \dot{m}_i (h_i + e_{a_i})} \qquad (5.10\text{-}6)$$

Haase [10] S. 57; *Haase* [11] S. 20–24

5.10.2 Zweiter Hauptsatz

Gl. (5.7-2) angewendet auf das (geschlossene) System, welches zum Zeitpunkt τ das durch a begrenzte System und dm umfaßt:

$$\boxed{S^* + dS^* - (S^* + s\,dm) = \partial S_{aust} + \partial S_{irr}} \qquad (5.10\text{-}7)$$

Die Integration im Zeitintervall τ_I bis τ_{II} liefert

$$S_{II}^* - S_I^* - \int_{\tau_I}^{\tau_{II}} s\dot{m}\,d\tau = S_{aust\,I\,II} + S_{irr\,I\,II} \qquad (5.10\text{-}8)$$

Mit den zeitlichen Ableitungen $\dot{S}^*$, $\dot{S}_{aust}$ und $\dot{S}_{irr}$ folgt aus Gl. (5.10-7)

$$\boxed{\dot{S}^* - \dot{m}s = \dot{S}_{aust} + \dot{S}_{irr}} \qquad (5.10\text{-}9)$$

Verallgemeinerung von Gl. (5.10-9) auf mehrere Massenströme $\dot{m}_i$

2. Hauptsatz für offene Systeme

$$\boxed{\dot{S}^* - \sum_i \dot{m}_i s_i = \dot{S}_{aust} + \dot{S}_{irr}} \qquad (5.10\text{-}10)$$

5.11 Erster und zweiter Hauptsatz für einen stationären Fließprozeß

Stationärer Fließprozeß:

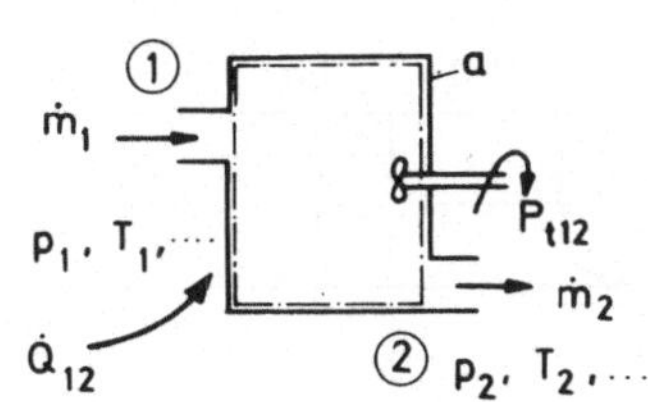

1. Der Zustand im (offenen) System mit der Bilanzhülle a ist zeitlich konstant:

$$\dot{E}_a^* = \dot{U}^* = \dot{S}^* = \dot{m}^* = 0 \qquad (5.11\text{-}1)$$

2. Beschränkung auf 2 Massenströme

$$\dot{m} = \dot{m}_1 = -\dot{m}_2 \text{ (wegen Stationarität)} \qquad (5.11\text{-}2)$$

3. Die Zustände des ein- bzw. austretenden Stoffstromes sind zeitlich konstant.

5.11.1 Erster Hauptsatz

Technische Arbeit

Spezielle Bezeichnung für $\dot{W}^*$: Technische Leistung $P_{t12} = \dot{m} w_{t12}$ (w_{t12}: spezifische technische Arbeit).
Aus Gl. (5.11-1), (5.11-2) und Gl. (5.10-6) folgt mit $\dot{Q}_{12} = \dot{Q}^*$

$$\dot{Q}_{12} + P_{t12} = -\dot{m}_1(h_1 + e_{a1}) - \dot{m}_2(h_2 + e_{a2})$$

1. Hauptsatz für stationäre Fließprozesse

$$\boxed{\dot{Q}_{12} + P_{t12} = \dot{m}(h_2 - h_1 + e_{a2} - e_{a1})} \qquad (5.11\text{-}3)$$

Mit den spezifischen Größen $q_{12} = \dot{Q}_{12}/\dot{m}$ und $w_{t12} = P_{t12}/\dot{m}$

$$\boxed{q_{12} + w_{t12} = h_2 - h_1 + e_{a2} - e_{a1}} \qquad (5.11\text{-}4)$$

Baehr [2] S. 70–77

5.11.2 Zweiter Hauptsatz

Aus Gl. (5.11-1), (5.11-2) und Gl. (5.10-10) folgt

2. Hauptsatz für stationäre Fließprozesse

$$\boxed{\dot{m}(s_2 - s_1) = \dot{S}_{aust\,12} + \dot{S}_{irr\,12}} \qquad (5.11\text{-}5)$$

oder bei Wärmeaustausch nur mit einem Körper der konstanten Temperatur T_a (mit Gl. (5.7-2a))

$$\boxed{\dot{m}(s_2 - s_1) = \dot{Q}_{12}/T_a + \dot{S}_{irr\,12}} \qquad (5.11\text{-}6)$$

5.11.3 Quasistatische Zustandsänderungen bei stationären Fließprozessen

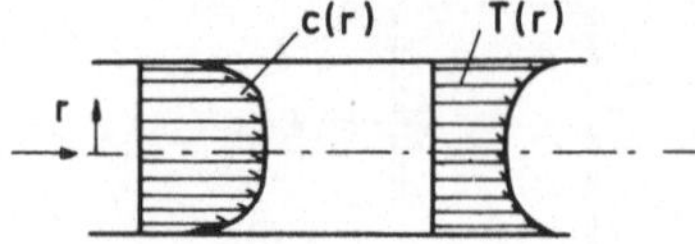

Bild 5.15
Geschwindigkeitsverteilung c (r) und Temperaturverteilung T(r) in einem beheizten Rohr

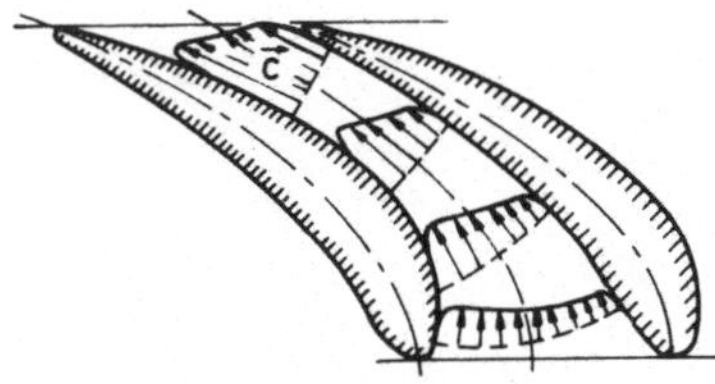

Bild 5.16
Verteilung der Relativgeschwindigkeit im Schaufelgitter einer Turbine

1. Bei stationären Fließprozessen kann der Zustand in einem durchströmten Querschnitt nur angenähert durch geeignete Mittelwerte der Zustandsgrößen beschrieben werden.
2. Bei manchen technischen Prozessen (z. B. Drosselvorgang) ist eine solche Mittelwertbildung in sinnvoller Weise nicht möglich.
3. Können in allen durchströmten Querschnitten sinnvolle Mittelwerte gebildet werden, so wird der wirkliche Zustandsverlauf oft durch eine quasistatische Zustandsänderung approximiert.

Es wird ein Flüssigkeitsteilchen Fl auf seinem Weg verfolgt:

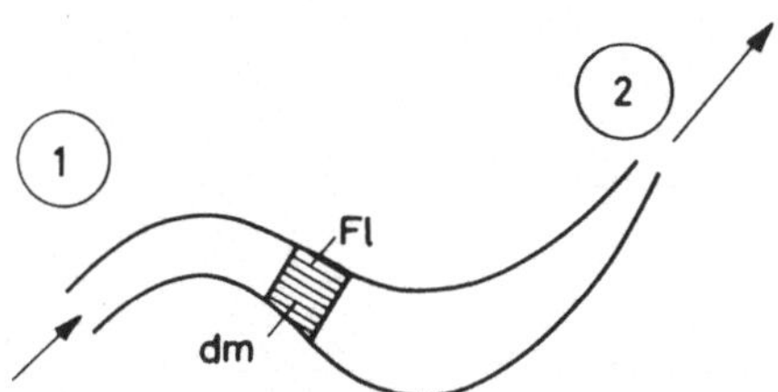

Bild 5.17
Energiebilanz am Flüssigkeitsteilchen Fl (Masse dm)

1. Hauptsatz für das bewegte Flüssigkeitsteilchen (geschlossenes System):

$$\partial q_{Fl} + \partial w_{Fl} = du + de_a \qquad (5.11\text{-}7)$$

Bei der Zustandsänderung ① → ② wird dem Flüssigkeitsteilchen die Wärme

$$\int_1^2 \partial q_{Fl} = q_{12} \qquad (5.11\text{-}8)$$

zugeführt.

(∂q_{Fl} = Wärmeaustausch über Systemgrenze des Flüssigkeitsteilchens; q_{12} = Wärmeaustausch über die Systemgrenze des Fließprozesses).

Am Flüssigkeitsteilchen geleistete Arbeit:

$$\partial w_{Fl} = \partial w_V + \partial w_a + \partial w_R \quad \text{mit} \qquad (5.11\text{-}9)$$
$$\partial w_V = -p\,dv \quad \text{und} \quad \partial w_a = de_a$$

Mit $dh = du + d(pv) = du + p\,dv + v\,dp$ wird aus Gl. (5.11-7) und Gl. (5.11-9):

$$\partial q_{Fl} + \partial w_R = dh - v\,dp \qquad (5.11\text{-}10)$$

Integration:

$$\int_1^2 \partial q_{Fl} + \int_1^2 \partial w_R = h_2 - h_1 - \int_1^2 v\,dp \qquad (5.11\text{-}11)$$

Mit Gl. (5.11-8):

$$\boxed{q_{12} + w_{R12} = h_2 - h_1 - \int_1^2 v\,dp} \qquad (5.11\text{-}12)$$

1. Hauptsatz für stationären Fließprozeß:

$$q_{12} + w_{t12} = h_2 - h_1 + e_{a2} - e_{a1} \qquad (5.11\text{-}13)$$

Vergleich von Gl. (5.11-12) und Gl. (5.11-13) ergibt:

Technische Arbeit bei quasistatischer Zustandsänderung

$$\boxed{w_{t_{12}} = w_{R_{12}} + \int_1^2 v\,dp + e_{a_2} - e_{a_1}} \qquad (5.11\text{-}14)$$

Das Integral $\int_1^2 v\,dp$ stellt einen wichtigen Anteil an der technischen Arbeit $w_{t_{12}}$ dar.

Allgemein wegen $d(pv) = p\,dv + v\,dp$:

$$\int_1^2 v\,dp = p_2 v_2 - p_1 v_1 - \int_1^2 p\,dv$$

$$\boxed{\int_1^2 v\,dp = p_2 v_2 - p_1 v_1 + w_{V_{12}}} \qquad (5.11\text{-}15)$$

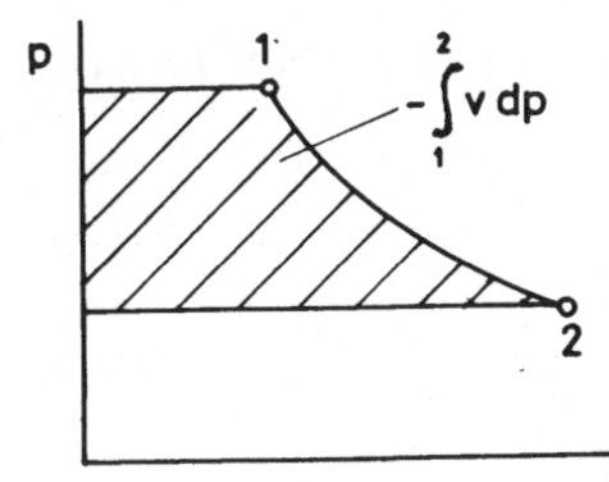

Bild 5.18
Darstellung des Integrals $\int_1^2 v\,dp$ im p, v-Diagramm

$\int_1^2$ v dp bei speziellen quasistatischen Zustandsänderungen

Isochore:

$$\int_1^{2\,(v)} v\,dp = v_1\,(p_2 - p_1) \qquad (5.11\text{-}16)$$

Isochore

Isobare:

$$\int_1^{2\,(p)} v\,dp = 0 \qquad (5.11\text{-}17)$$

Isobare

Zustandsänderung mit pv = konst:

$$\int_1^{2\,(pv)} v\,dp = -\int_1^{2\,(pv)} p\,dv = p_1 v_1 \ln\frac{p_2}{p_1} = p_1 v_1 \ln\frac{v_1}{v_2} \qquad (5.11\text{-}18)$$

Zustandsänderung mit pv = konst

Isentrope:

$$\int_1^{2\,(\text{Isentr.})} v\,dp = (p_2 v_2 - p_1 v_1)\left(1 + \frac{1}{k-1}\right)$$

für k = konst.

$$\int_1^{2\,(\text{Isentr.})} v\,dp = \frac{k}{k-1}\,[p_2 v_2 - p_1 v_1] = k\,w_{V\,12\,\text{isentr}} \qquad (5.11\text{-}19)$$

Isentrope

Entsprechend für die Polytrope mit n = konst.

$$\int_1^{2\,(\text{pol})} v\,dp = \frac{n}{n-1}\,[p_2 v_2 - p_1 v_1] = n\,w_{V\,12\,\text{pol}} \qquad (5.11\text{-}20)$$

Polytrope

Bošnjaković [4] S. 90 f.; *Baehr* [2] S. 232–239

5.11.4 Kreisprozesse als Folge von stationären Fließprozessen

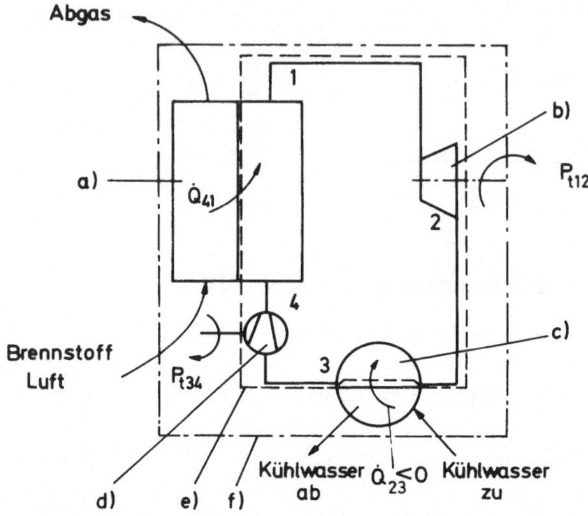

Bild 5.19 Prinzipschaltbild eines einfachen Dampfkraftwerks
a) Dampferzeuger, b) Turbine, c) Kondensator, d) Speisewasserpumpe, e) Bilanzhülle des Dampfkreislaufs (geschlossenes System), umfaßt mehrere offene Systemteile (Kessel, Turbine, etc.), f) Bilanzhülle des gesamten Kraftwerks (offenes System)

Geschlossenes System (z. B. Dampfkreislauf) bestehend aus offenen Systemteilen (z. B. Turbine, Kondensator).

1. Hauptsatz (angewendet auf die offenen Systemteile)

$$\left.\begin{array}{llllll} \dot{Q}_{12} & + P_{t12} & = \dot{H}_2 & - \dot{H}_1 & + \dot{E}_{a_2} & - \dot{E}_{a_1} \\ \dot{Q}_{23} & + P_{t23} & = \dot{H}_3 & - \dot{H}_2 & + \dot{E}_{a_3} & - \dot{E}_{a_2} \\ \dot{Q}_{n,n+1} & + P_{tn,n+1} & = \dot{H}_{n+1} & - \dot{H}_n & + \dot{E}_{a\,n+1} & - \dot{E}_{an} \end{array}\right\} +$$

Die Summation ergibt

$$\sum_{i=1}^{n} \dot{Q}_{i,i+1} + \sum_{i=1}^{n} P_{ti,i+1} = \dot{H}_{n+1} - \dot{H}_1 + \dot{E}_{a\,n+1} - \dot{E}_{a_1}$$

Kreisprozeß: Zustand $(n+1) \equiv ①$:

1. Hauptsatz für Kreisprozesse

$$\dot{H}_{n+1} = \dot{H}_1 ; \quad \dot{E}_{an+1} = \dot{E}_{a_1} \tag{5.11-21}$$

$$\boxed{\sum_{i=1}^{n} \dot{Q}_{i,i+1} + \sum_{i=1}^{n} P_{ti,i+1} = 0} \tag{5.11-22}$$

$$\boxed{\sum_{i=1}^{n} q_{i,i+1} + \sum_{i=1}^{n} w_{ti,i+1} = 0} \tag{5.11-23}$$

Speziell: Reibungsfreie quasistatische Zustandsänderungen; nach Gl. (5.11-14) mit $w_{Ri,i+1} = 0$

$$\sum_{i=1}^{n} w_{ti,i+1} = \sum_{i=1}^{n} \int_{i}^{i+1} v\,dp + \sum_{i=1}^{n+1} (e_{a\,i+1} - e_{a\,i})$$

Wegen Gl. (5.11-21) wird daraus

$$\sum_{i=1}^{n} w_{ti,i+1} = \oint v\,dp \qquad \text{(reibungsfrei).} \tag{5.11-24}$$

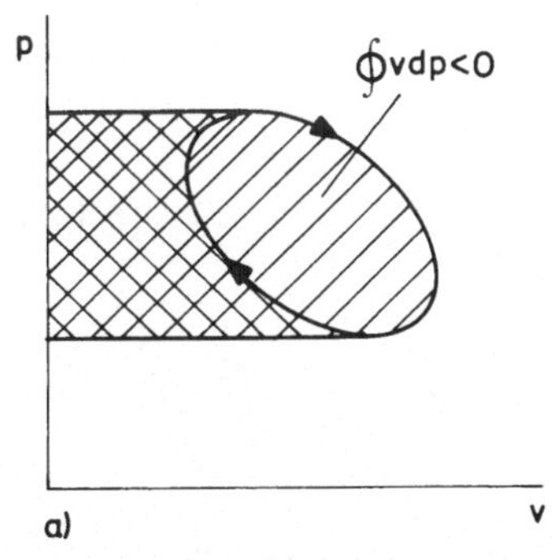

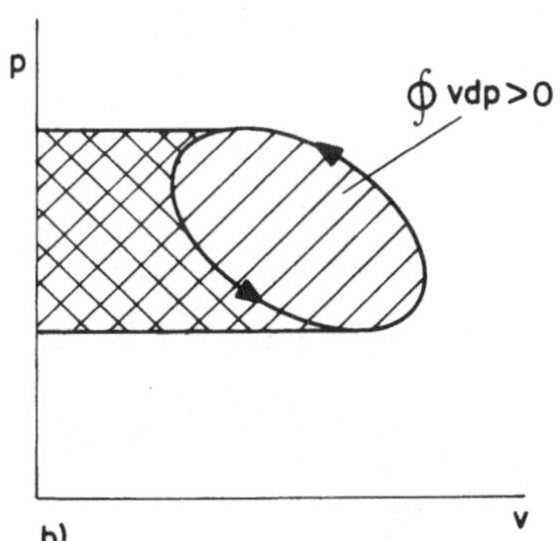

Bild 5.20 Darstellung von Kreisprozessen mit reibungsfreien quasistatischen Zustandsänderungen

a) rechtslaufender Kreisprozeß b) linkslaufender Kreisprozeß

Baehr [2] S. 85–87

5.12 Mollier h, s-Diagramm für einfache Stoffe

Nach Gl. (5.8-3) ist dh = Tds + vdp; daraus folgt:

a) Steigung der Isobaren in einem h, s-Diagramm:

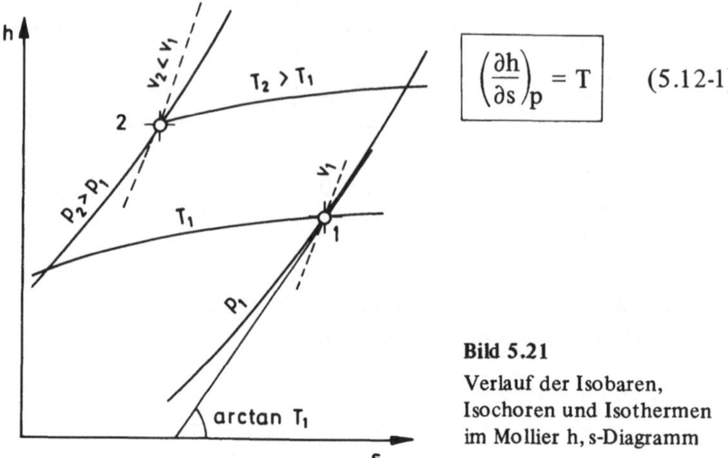

$$\boxed{\left(\frac{\partial h}{\partial s}\right)_p = T} \qquad (5.12\text{-}1)$$

Bild 5.21
Verlauf der Isobaren, Isochoren und Isothermen im Mollier h, s-Diagramm

b) Steigung der Isochoren:

$$\left(\frac{\partial h}{\partial s}\right)_v = T + v\left(\frac{\partial p}{\partial s}\right)_v = T + \frac{vp}{T}\,\underbrace{\frac{T}{p}\left(\frac{\partial p}{\partial T}\right)_v}_{\beta} \cdot \underbrace{\left(\frac{\partial T}{\partial s}\right)_v}_{T/c_v}$$

$$\boxed{\left(\frac{\partial h}{\partial s}\right)_v = T\left(1 + \frac{vp}{Tc_v}\,\beta\right)} \qquad (5.12\text{-}2)$$

id. Gas: $\beta = 1$; $R = \frac{pv}{T} = (\kappa - 1)\,c_v$

$$\left(\frac{\partial h}{\partial s}\right)_v = \kappa\,T \quad \text{id. Gas} \qquad (5.12\text{-}2a)$$

c) Steigung der Isothermen:

$$\left(\frac{\partial h}{\partial s}\right)_T = T + v\left(\frac{\partial p}{\partial s}\right)_T$$

$$\text{mit } T\left(\frac{\partial s}{\partial p}\right)_T = \left(\frac{\partial h}{\partial p}\right)_T - v = -\,T\left(\frac{\partial v}{\partial T}\right)_p = -\,v\alpha$$

(Gleichung (5.8-10) und (5.8-12))

$$\boxed{\left(\frac{\partial h}{\partial s}\right)_T = T\left(1 - \frac{1}{\alpha}\right)} \qquad (5.12\text{-}3)$$

ideale Gase:

$$\alpha = 1 \Rightarrow \left(\frac{\partial h}{\partial s}\right)_T = 0 \qquad \text{(id. Gase)} \qquad (5.12\text{-}3a)$$

Für reale Gase kann $(\partial h/\partial s)_T$ sowohl > 0 (für $\alpha > 1$) als auch < 0 (für $\alpha < 1$) werden, vgl. Bild 3.4.

1. Hauptsatz für stationäre Fließprozesse

$$q_{12} + w_{t_{12}} = h_2 - h_1 + e_{a2} - e_{a1} = h_{t_2} - h_{t_1}$$

mit Ruheenthalpie (Totalenthalpie)

Ruheenthalpie
Totalenthalpie

$$h_t = h + e_a \qquad (5.12\text{-}4)$$

Die Ruheenthalpie h_t kann in einem h, s-Diagramm eingezeichnet werden, indem man von h aus die äußere Energie e_a als Strecke abträgt, Bild 5.22.

$$q_{12} + w_{t12} = h_{t2} - h_{t1} \qquad (5.12\text{-}5)$$

Die Summe aus spezifischer Wärmezufuhr und spezifischer technischer Arbeit kann im h, s-Diagramm als Strecke abgegriffen werden, Bild 5.22.

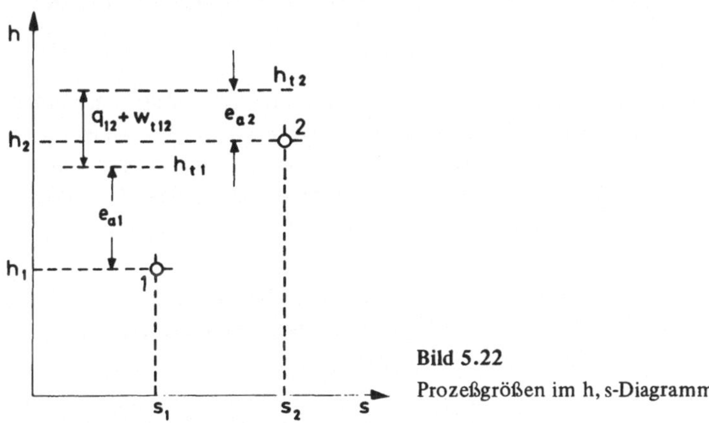

Bild 5.22
Prozeßgrößen im h, s-Diagramm

Sonderfälle:

a) $w_{t_{12}} = 0$ (Prozeß ohne Arbeitsleistung)

$$\Rightarrow q_{12} = h_{t_2} - h_{t_1} \qquad (5.12\text{-}5a)$$

b) $q_{12} = 0$ (adiabater Prozeß)

$$\Rightarrow w_{t_{12}} = h_{t_2} - h_{t_1} \qquad (5.12\text{-}5b)$$

Bošnjaković [4] S. 171–176; *Baehr* [2] S. 186–189

5 C Exergie

5.13 Natürliche Vorgänge und Gleichgewicht

Entropie eines Systems (Gl. (5.6-2))

$$S = \sum_j S_j \qquad (5.13\text{-}1)$$

Abgeschlossenes System (Gl. (5.6-3) mit $S_{aust\,I\,II} = 0$):

$$S_{II} = S_I + S_{irr\,I\,II} \qquad (5.13\text{-}2)$$

mit $S_{irr\,I\,II} > 0$ für irreversiblen Prozeß.

Folgerungen:

1. In einem abgeschlossenen System kann die Entropie (durch irreversible Prozesse) nur zunehmen (Gl. (5.13-2)).
2. Für jeden Zustand eines abgeschlossenen Systems existiert ein endlicher Wert der Entropie, denn nach Gleichung (5.6-1) kann die Entropie jedes Teilsystems (mit $T_j \neq 0$) nicht unbegrenzt zunehmen[1]) und somit ebensowenig die Entropie des Gesamtsystems.
3. *Thermodynamisches Gleichgewicht* — In einem abgeschlossenen System gibt es (wenigstens) einen Zustand mit einem absoluten Maximum der Entropie S_{max}. Dieser Zustand wird der *stabile thermodynamische Gleichgewichtszustand* genannt. Außerdem sind Zustände *gehemmten* oder *metastabilen Gleichgewichts* (mit kleineren Werten der Entropie) möglich. *Metastabiles Gleichgewicht*
4. Das thermische Gleichgewicht (gleiche Temperatur) ist ein notwendiges aber nicht hinreichendes Kriterium für das thermodynamische Gleichgewicht.
5. Nach Erreichen des thermodynamischen Gleichgewichts ist ein abgeschlossenes System *von selbst* zu keiner Änderung seines Zustandes mehr fähig. Alle natürlichen (d.h. von selbst ablaufenden) Prozesse sind daher irreversibel; reversible Prozesse sind idealisierte Grenzfälle wirklicher Prozesse.
6. Bei einem System im Gleichgewicht kann eine Zustandsänderung nur durch eine Störung des Gleichgewichts (Aufhebung der Isolation und Wechselwirkung mit anderen Systemen oder – bei metastabilem Gleichgewicht – durch

---

[1]) Weil innere Energie U_j und Volumen V_j nicht unbegrenzt zunehmen können.

Aufhebung der *Hemmung*) erfolgen. Diese führt unter Entropiezunahme zu einem neuen Gleichgewichtszustand des Gesamtsystems.

5.14 Umwelt und Energieumwandlung

1. Unsere Umwelt ist nicht im thermodynamischen Gleichgewicht (z.B. örtlich verschiedene Temperatur, vor allem aber mangelndes chemisches Gleichgewicht).
2. Als *Umgebung* bezeichnet man einen solchen (willkürlich abgegrenzten) Teil der Umwelt, der sich (hinreichend genau) im thermodynamischen Gleichgewicht befindet und der so groß ist, daß sich bei Wechselwirkung mit anderen Körpern der Umwelt seine intensiven Zustandsgrößen (Druck, Temperatur, etc.) nicht merklich ändern. *Umgebung*

   Die Luft oder auch große Wassermassen (Flüsse, Meer, usw.) können als Umgebung angesehen werden.
3. Um Prozesse „von selbst" ablaufen zu lassen und damit zur Energieumwandlung (z. B. Arbeitsgewinnung) heranzuziehen, genügt es, solche Körper der Umwelt zu finden, die sich mit der Umgebung nicht im Gleichgewicht befinden.
4. Solche Körper, die sich im Gleichgewicht mit der Umgebung befinden, können (ohne Eingriff von außen) keinen Zustandsänderungen unterworfen werden und sind daher für Energieumwandlungsprozesse (z. B. Arbeitsgewinnung) wertlos.

Bošnjaković [4] S. 81-83

5.15 Exergie und Anergie

5.15.1 Stationäre Fließprozesse; Wärmeaustausch nach außen nur mit der Umgebung

1. Hauptsatz (stationäre Fließprozesse)

$$\dot{Q}_{12} + P_{t12} = \dot{H}_2 - \dot{H}_1 + \dot{E}_{a2} - \dot{E}_{a1} \qquad (5.15\text{-}1)$$

2. Hauptsatz (Gl. (5.7-2a))

$$\dot{S}_2 - \dot{S}_1 = \dot{Q}_{12}/T_u + \dot{S}_{irr\,12} \qquad (5.15\text{-}2)$$

Aus Gl. (5.15-1) und Gl. (5.15-2) folgt:

$$P_{t12} = \dot{H}_2 - \dot{H}_1 + \dot{E}_{a2} - \dot{E}_{a1} - T_u(\dot{S}_2 - \dot{S}_1) + T_u\,\dot{S}_{irr\,12}$$

oder: (5.15-3)

$$w_{t12} = h_2 - h_1 + e_{a2} - e_{a1} - T_u(s_2 - s_1) + T_u\,s_{irr\,12}$$

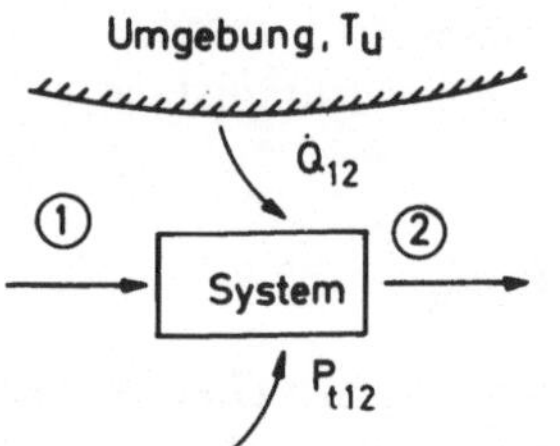

Bild 5.23
Stationärer Fließprozeß, Wärmeaustausch nur mit der Umgebung

Das Medium im Zustand① sei im Gleichgewicht mit der Umgebung

$$(p_1 = p_u;\ T_1 = T_u, \ldots)$$

und besitze gegenüber der Umgebung keine kinetische oder potentielle Energie ($\dot{E}_{a1} = 0$).

Frage: Wie groß ist die Mindestarbeit, die man aufbringen muß, um vom Zustand①(Umgebungszustand) in einen beliebigen Zustand②zu gelangen, wenn Wärme nur mit der Umgebung ausgetauscht wird?

Antwort: *Mindestarbeit* dann, wenn $T_u \cdot s_{irr\,12} = 0$ (reversibler Prozeß). Mindestarbeit oder Exergie (nach Rant) hängt nur vom Endzustand des Mediums und dem Umgebungszustand ab.

Exergie

Exergie:

$$\boxed{\begin{aligned}\dot{E}_{2,u} &= \dot{H}_2 - \dot{H}_u + \dot{E}_{a2} - T_u(\dot{S}_2 - \dot{S}_u)\\ e_{2,u} &= h_2 - h_u + e_{a2} - T_u(s_2 - s_u)\end{aligned}} \qquad (5.15\text{-}4)$$

Zweckmäßige Zuordnung Energie ↔ Exergie so, daß ganz allgemein

$$\boxed{\text{Energie} = \text{Exergie} + \text{Anergie}} \qquad (5.15\text{-}5)$$

Energiestrom (Zustand ②) $\dot{H}_{t_2} = \dot{H}_2 + \dot{E}_{a2}$
Exergiestrom (Zustand ②) $\dot{E}_{2,u} = \dot{H}_2 + \dot{E}_{a2} - \dot{H}_u - T_u(\dot{S}_2 - \dot{S}_u)$

Durch Subtraktion erhält man den Anergiestrom (Zustand ②)

Anergie

$$\boxed{\begin{aligned}\dot{B}_{2,u} &= \dot{H}_u - T_u(\dot{S}_u - \dot{S}_2)\\ b_{2,u} &= h_u - T_u(s_u - s_2)\end{aligned}} \qquad (5.15\text{-}6)$$

Exergie – Anergie – Flußbild

Graphische Darstellung:

a) Exergie – Anergieflußbild

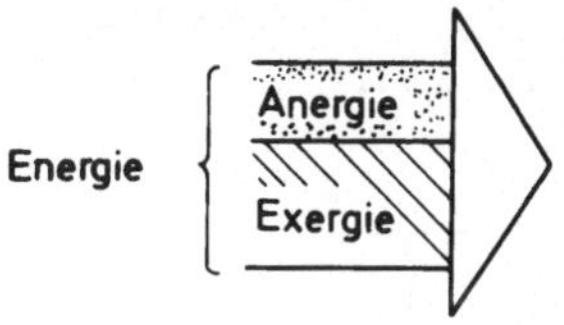

Bild 5.24
Aufschlüsselung eines Energiestroms nach Exergie und Anergie

Umgebungsgerade

b) Enthalpie – Entropiediagramm

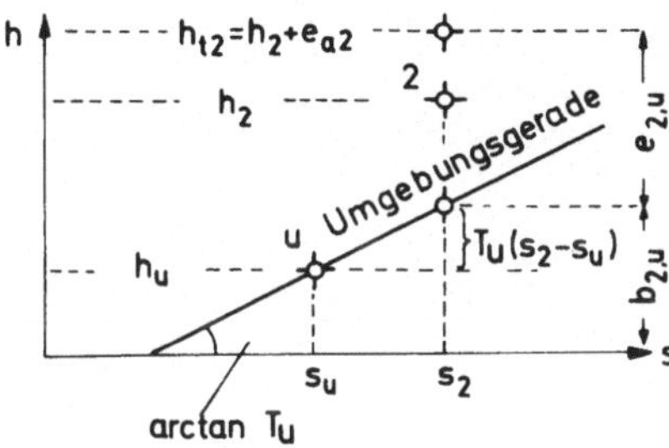

Bild 5.25 Exergie und Anergie eines Stoffstromes im Mollier h, s-Diagramm. Die Umgebungsgerade durch den Umgebungszustand U mit der Steigung T_u unterteilt die Totalenthalpie h_{t2} in Exergie $e_{2,u}$ und Anergie $b_{2,u}$; vgl. Gl. (5.15-4) und Gl. (5.15-6)

5.15.2 Stationärer Fließprozeß mit beliebigem Wärmeaustausch

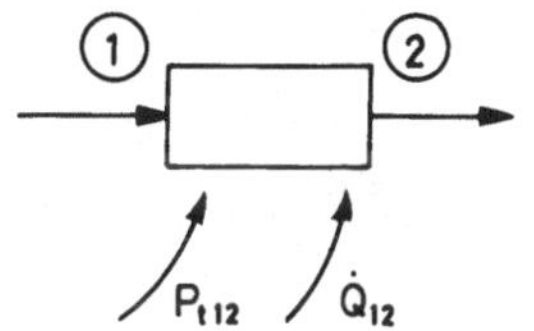

Bild 5.26
Stationärer Fließprozeß

Zustand ① und ② beliebig

Exergiedifferenz (Gl. (5.15-4)):

$$\dot{E}_{2,u} - \dot{E}_{1,u} = \dot{H}_2 - \dot{H}_1 + \dot{E}_{a2} - \dot{E}_{a1} - T_u (\dot{S}_2 - \dot{S}_1) \qquad (5.15\text{-}7)$$

Daraus folgt mit Gl. (5.11-3)

$$\boxed{\begin{array}{l} \dot{Q}_{12} + P_{t_{12}} = \dot{E}_{2,u} - \dot{E}_{1,u} + T_u (\dot{S}_2 - \dot{S}_1) \\ \hline q_{12} + w_{t_{12}} = e_{2,u} - e_{1,u} + T_u (s_2 - s_1) \end{array}} \qquad (5.15\text{-}8)$$

(stationäre Fließprozesse)

Mit Gl. (5.11-5) wird aus Gl. (5.15-8)

$$\dot{Q}_{12} - T_u \dot{S}_{aust\,12} + P_{t12} = \dot{E}_{2,u} - \dot{E}_{1,u} + \dot{E}_{v12}$$
$$q_{12} - T_u s_{aust\,12} + w_{t12} = e_{2,u} - e_{1,u} + e_{v12} \qquad (5.15\text{-}8a)$$

mit

Exergieverlust

Exergieverluststrom	$\dot{E}_{v12} = T_u \dot{S}_{irr\,12} \geqslant 0$	(5.15-9)
spezif. Exergieverlust	$e_{v12} = T_u s_{irr\,12} \geqslant 0$	

a) *adiabater Prozeß* ($q_{12} = 0$).
Nach Gl. (5.6-3) ist dabei

$$s_{aust\,12} = 0; \quad s_2 - s_1 = s_{irr\,12}$$

$$\boxed{w_{t12} = e_{2,u} - e_{1,u} + e_{v12}} \quad \text{(adiabater Prozeß)} \qquad (5.15\text{-}8b)$$

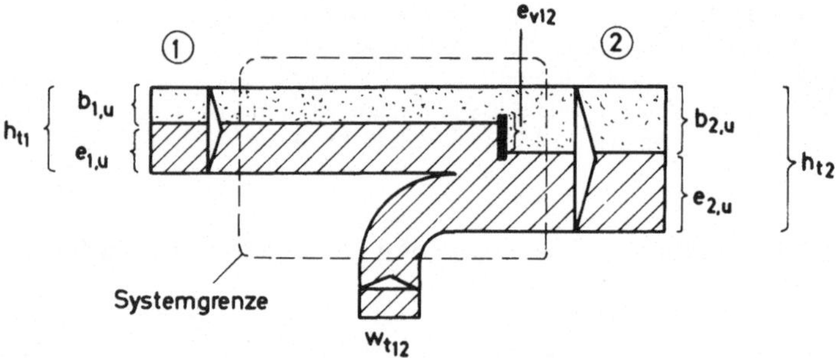

Bild 5.27 Exergie-Anergie-Flußbild eines adiabaten stationären Fließprozesses

Anergiestrom Exergiestrom

Folgerungen:

1. Arbeit ist reine Exergie; oder: Exergie ist derjenige Anteil einer Energie, der sich in Arbeit oder jede andere Energieform umwandeln läßt.
2. Aus einem Anergiestrom läßt sich keine Exergie gewinnen.
3. Durch irreversible Prozesse nimmt die Anergie auf Kosten der Exergie zu.

b) *nichtadiabater Prozeß* ($q_{12} \neq 0$).

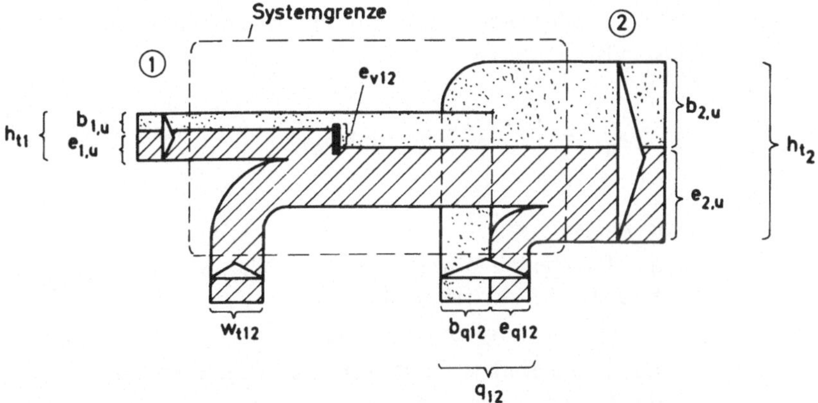

Bild 5.28 Exergie-Anergie-Flußbild eines stationären Fließprozesses mit Arbeits- und Wärmeumsatz

Anergiestrom   Exergiestrom

Nach Bild 5.28 ergibt sich für die Exergie e_{q12} der Wärme q_{12}:

$$\boxed{e_{q12} = e_{2,u} - e_{1,u} - w_{t12} + e_{v12}} \qquad (5.15\text{-}10)$$

Exergie der Wärme

oder mit Gl. (5.15-8), (5.15-9) und Gl. (5.6-3)

$$\begin{aligned} e_{q12} &= q_{12} - T_u \cdot (s_2 - s_1) + T_u\, s_{irr\,12} \\ &= q_{12} - T_u\, s_{aust\,12} \end{aligned} \qquad (5.15\text{-}11)$$

Daraus erhält man für die Anergie der Wärme

Anergie der Wärme

$$\boxed{b_{q12} = q_{12} - e_{q12} = T_u(s_2 - s_1) - T_u\, s_{irr\,12} = T_u\, s_{aust\,12}} \qquad (5.15\text{-}12)$$

Für quasistatische Zustandsänderungen ist nach Gl. (5.11-10)

$$\partial q_{Fl} + \partial w_R = dh - v dp = T ds.$$

Daraus folgt mit $\partial q_{Fl} = \partial q_a + \partial q_i$; ∂q_a: äußerer Wärmeaustausch, ∂q_i: innerer Wärmeaustausch:

$$T_u(s_2 - s_1) = \underbrace{T_u \int_1^2 \frac{\partial q_a}{T}}_{T_u \cdot s_{aust\,12}} + \underbrace{T_u \int_1^2 \frac{\partial q_i}{T} + T_u \int_1^2 \frac{\partial w_R}{T}}_{e_{v12}} \qquad (5.15\text{-}13)$$

Exergieverlust durch Reibung und inneren Wärmeaustausch

Mit Gl. (5.15-11) und Gl. (5.15-12) folgt daraus für quasistatische Zustandsänderungen

$$e_{q12} = \int_1^2 \frac{T - T_u}{T}\, \partial q \quad \text{und} \quad b_{q12} = \int_1^2 \frac{T_u}{T}\, \partial q \qquad (5.15\text{-}14)$$

Folgerungen:

1. Die Exergie der Wärme ist umso größer, je höher die Temperatur ist, bei der sie anfällt.
2. Wärme bei Umgebungstemperatur ($T = T_u$) ist reine Anergie.
3. Der Exergieverlust durch Reibung ist umso größer, je niedriger die Temperaturen sind.

c) *Verluste bei der Wärmeübertragung zwischen zwei Systemen A und B*

Exergieverlust bei der Wärmeübertragung

Exergieverlust bei der Wärmeübertragung bei quasistatischer Zustandsänderung (Gl. (5.15-14) und Bild 5.29).

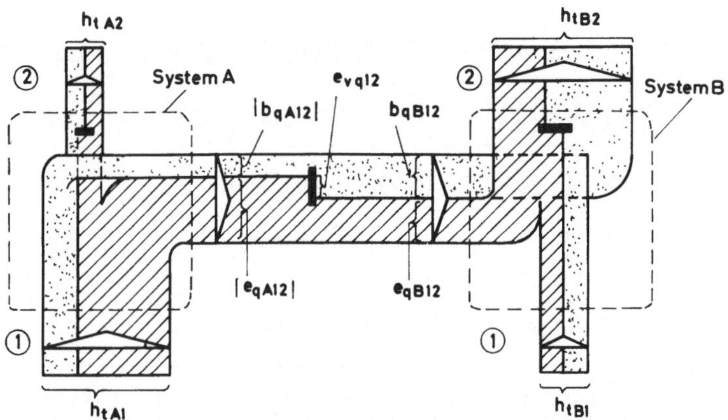

Bild 5.29 Exergieverlust bei der Wärmeübertragung von einem System A auf ein System B. A und B durchlaufen jeweils einen stationären Fließprozeß ①→②

$$e_{vq12} = b_{qB12} + b_{qA12} = T_u \left[\int_1^2 \frac{\partial q_A}{T_A} + \int_1^2 \frac{\partial q_B}{T_B} \right] \qquad (5.15\text{-}15)$$

oder mit $\partial q_A + \partial q_B = 0$:

$$e_{vq12} = T_u \int_1^2 \left(\frac{1}{T_A} - \frac{1}{T_B} \right) \partial q_A \geqslant 0 \qquad (5.15\text{-}16)$$

5.15.3 Exergie geschlossener Systeme (maximale Arbeit)

Exergie bei geschlossenen Systemen

Geschlossenes System S; Zustandsänderung vom Umgebungszustand (äußere Energie $E_{au} = 0$) in den beliebigen Zustand 2. Wärmeaustausch nur mit der Umgebung.

1. Hauptsatz: $Q_{u2} + W_{u2} = U_2 - U_u + E_{a2}$.

Arbeit W_{u2} setzt sich zusammen aus einem Anteil $\overline{W}_{u2}$, der von außen dem System zugeführt wird und einem Anteil $\widetilde{W}_{u2} = p_u (V_u - V_2)$, den die Umgebung als Volumenänderungsarbeit am System leistet.

2. Hauptsatz (Gl. (5.7-2a)):

$$S_2 - S_u = \frac{Q_{u2}}{T_u} + S_{irr\,u2} \qquad (5.15\text{-}17)$$

Mindestarbeit (Exergie) bei reversiblem Prozeß ($s_{irr\,u2} = 0$):

$$E_{2,u} = \overline{W}_{u2\,min} = U_2 - U_u + E_{a2} + p_u (V_2 - V_u) - T_u (S_2 - S_u) \qquad (5.15\text{-}18)$$

Irreversibler Prozeß (Wärmeaustausch nur mit Umgebung; geschlossenes System mit Zustandsänderung ① → ②):

$$\overline{W}_{12} = U_2 - U_1 + E_{a2} - E_{a1} - Q_{12} - \widetilde{W}_{12}$$

Mit Gleichung (5.15-17) und (5.15-18) wird:

$$\overline{W}_{12} = E_{2,u} - E_{1,u} + E_{v12} \qquad (5.15\text{-}19)$$

Mit *Exergieverlust*

$$E_{v12} = T_u S_{irr\,12}.$$

Bošnjaković [4] S. 81–83, 174–177; *Baehr* [2] S. 135–156

6 Zustandsgleichungen realer Gase

6.1 Zustandsgleichung nach van der Waals (1873)

Zustandsgleichung nach van der Waals

Form der van der Waals'schen Zustandsgleichung:

$$p = \frac{RT}{v - b} - \frac{a}{v^2} \tag{6.1-1}$$

(Werte für a, b für verschiedene Stoffe siehe z. B. American Institute of Physics Handbook, New York, London 1957)

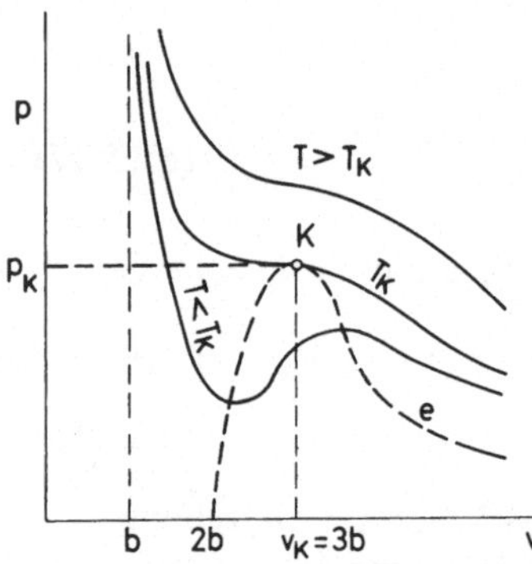

Bild 6.1
Isothermen nach der Zustandsgleichung von *v. d. Waals* im p,v-Diagramm (qualitativ).
K: kritischer Punkt,
e: Verbindungslinie der Extremwerte Gl. (6.1 – 2)

a) für große $v \Rightarrow \frac{a}{v^2} \rightarrow 0$; $v - b \rightarrow v$, $\Rightarrow p \rightarrow \frac{RT}{v}$ (id. Gas)

b) für $v \rightarrow b \Rightarrow p \rightarrow \infty$

c) Extremwerte der Isothermen?
Differentiation der Gl. (6.1-1):

$$\left(\frac{\partial p}{\partial v}\right)_T = - \frac{RT}{(v - b)^2} + 2 \frac{a}{v^3} = 0$$

Mit Gl. (6.1-1) wird für den Zustand des Extremwertes (Index e):

$$0 = - \frac{1}{v_e - b} \left[p_e + \frac{a}{v_e^2}\right] + 2 \frac{a}{v_e^3}$$

umgeformt:

$$p_e = \frac{a}{v_e^3} \left[v_e - 2b\right] \tag{6.1-2}$$

Für $v_e = 2b \Rightarrow p_e = 0$; für $v_e > 2b \Rightarrow p_e > 0$

für $v_e \rightarrow \infty \Rightarrow p_e \rightarrow 0$

Extremum von p_e?

$$\frac{dp_e}{dv_e} = - \frac{3a}{v_e^4} (v_e - 2b) + \frac{a}{v_e^3} = - \frac{2a}{v_e^4} [v_e - 3b]$$

Zustand K mit $\frac{dp_e}{dv_e} = 0 \Rightarrow \boxed{v_K = 3b}$ (6.1-3)

$$\text{Gl. (6.1-2)} \Rightarrow p_K = \frac{a}{(3b)^3}\left[3b - 2b\right] \Rightarrow \boxed{p_K = \frac{a}{27b^2}} \quad (6.1\text{-}4)$$

$$\text{Gl. (6.1-1)} \Rightarrow T_K = \frac{(v_K - b)}{R}\left[p_K + \frac{a}{v_K^2}\right] \Rightarrow \boxed{T_K = \frac{8}{27}\frac{a}{Rb}} \quad (6.1\text{-}5)$$

kritischer Punkt K mit p_K, v_K, T_K *kritischer Punkt*

Die van der Waalssche Gl. gilt nur qualitativ. Erkennbar z. B. daran, daß nach Gl. (6.1-3) bis (6.1-5) die Gaskonstante R aus den kritischen Daten errechnet werden kann:

$$R = \frac{8}{27}\frac{a}{b} \cdot \frac{1}{T_K} = \frac{8}{3}\frac{p_K v_K}{T_K} = \sigma\,\frac{p_K v_K}{T_K} \quad \text{mit } \sigma = \frac{8}{3} = 2{,}667 \quad (6.1\text{-}6)$$

Die wirklichen Werte für σ liegen beträchtlich höher.

Tabelle 6.1-1: Kritische Werte verschiedener Stoffe (nach *Plank* [19])

Stoff	chem. Symbol	$\frac{p_K}{\text{bar}}$	$\frac{t_K}{°\text{C}}$	$\frac{v_K}{\text{dm}^3/\text{kg}}$	$\sigma = \frac{RT_K}{p_K v_K}$
Helium	He	2,29	-267,9	14,49	3,203
Wasserstoff	H_2	12,96	-239,9	32,26	3,305
Sauerstoff	O_2	50,35	-118,8	2,326	3,425
Stickstoff	N_2	33,98	-146,9	3,215	3,429
Luft	-	37,60	-140,6	2,830	3,565
Wasser	H_2O	221,1	374,2	3,18	4,25
Kohlendioxyd	CO_2	73,6	31,0	2,156	3,64
Ammoniak	NH_3	112,95	132,4	4,255	4,120
Methan	CH_4	46,30	- 82,5	6,173	3,459

(umfangreiche Zusammenstellung kritischer Daten siehe z. B. *Perry* [15])

Reduzierte Zustandsgrößen *Reduzierte Zustandsgrößen*

$$p^* = p/p_K; \quad v^* = v/v_K \quad \text{und} \quad T^* = T/T_K \quad (6.1\text{-}7)$$

mit Gleichung (6.1-3), (6.1-4) und (6.1-5) eingesetzt in Gleichung (6.1-1):

$$p^* = \underbrace{\frac{27b^2}{a}}_{1/p_K}\left[\underbrace{\frac{8}{27}\frac{a}{b}}_{RT_K}\;\frac{T^*}{\underbrace{3b}_{v_K}\,v^* - b} - \frac{a}{\underbrace{(3b)^2}_{v_K}\,v^{*2}}\right]$$

$$\boxed{p^* = \frac{8T^*}{3v^* - 1} - \frac{3}{v^{*2}}} \quad (6.1\text{-}8)$$

v. d. Waals-Gleichung in reduzierten Zustandsgrößen

Erweiterung: *Korrespondenzprinzip* nach van der Waals oder „Theorem der *übereinstimmenden Zustände*“ (gilt nur näherungsweise):

Die reduzierten thermischen Zustandsgrößen aller Gase lassen sich durch eine einzige Gleichung mit universell gültigen Konstanten beschreiben:

$$F(p^*, v^*, t^*) = 0 \qquad (6.1\text{-}9)$$

Korrespondenzprinzip

Erweitertes Korrespondenzprinzip (Hinzuziehen einer weiteren Stoffgröße) ergibt bessere Übereinstimmung mit Messwerten als Gl. (6.1-9).

Realgasfaktor

Das reale Verhalten der Gase wird oft beschrieben durch den *Realgasfaktor* (mit Gleichung (6.1-6)):

$$\boxed{Z = \frac{pv}{RT} = \frac{p^*v^*}{\sigma T^*}} \qquad (6.1\text{-}10)$$

Perry [15] S. 4-49; *Loeffler* [14] S. 72; *Pitzer* [16] S. 3433; *Riedel* [20] S. 26; Physics Handbook [1]

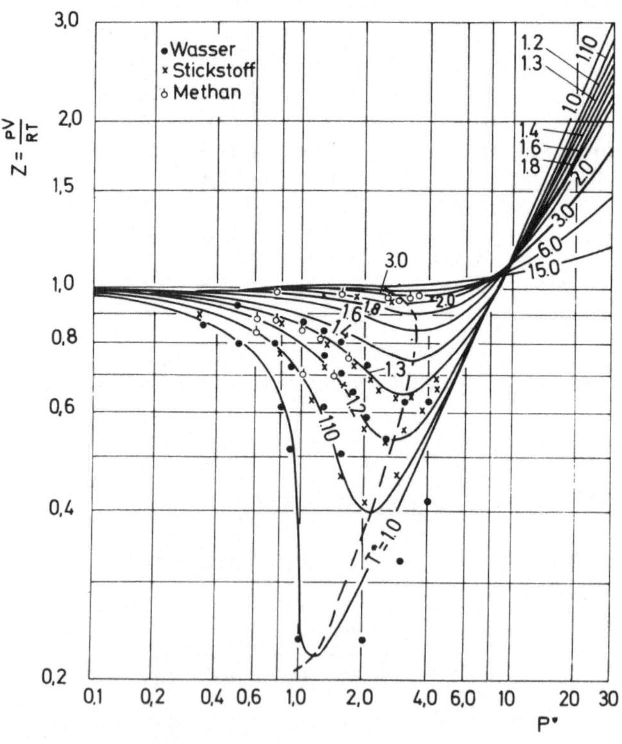

Bild 6.2 Realgasfaktor (nach *Perry* [15] S. 3–232).
Die (gestrichelte) Verbindungslinie der Minima heißt *Boyle-Kurve*, hier gilt: $[\partial(pv)/\partial p]_T = 0$

6.2 Weitere Zustandsgleichungen

6.2.1 Beattie-Bridgeman-Gleichung

(gültig bis etwa 250 bar; bei höheren Drücken sehr schlecht)

$$pV_m^2 = R_m T \left(1 - \frac{C}{V_m T^3}\right)\left[V_m + B_0\left(1 - \frac{b}{V_m}\right)\right] - A_0\left(1 - \frac{a}{V_m}\right) \quad (6.2\text{-}1)$$

Gleichung von Beattie-Bridgeman

Für technische Rechnungen ist oft die Zustandsgleichung in der Form $v = v(T, p)$ sehr nützlich. Durch Reihenentwicklung ergibt sich mit ausreichender Genauigkeit (siehe *Plank* [15]):

$$V_m = \frac{R_m T}{p} + \frac{\beta}{R_m T} + \left[\frac{\gamma}{(R_m T)^2} - \frac{\beta^2}{(R_m T)^3}\right]p + \left[\frac{\delta}{(R_m T)^3} - \frac{3\beta\gamma}{(R_m T)^4} + \frac{2\beta^3}{(R_m T)^5}\right]p^2 \quad (6.2\text{-}2)$$

mit

$$\beta = R_m B_0 T - A_0 - R_m \frac{C}{T^2}$$

$$\gamma = R_m B_0 b T + A_0 a - R_m B_0 \frac{C}{T^2} \quad (6.2\text{-}3)$$

$$\delta = R_m B_0 b \frac{C}{T^2}$$

Tabelle 6.2-1: Einige Zahlenwerte der Konstanten der Beattie-Bridgeman-Gleichung (nach *Landolt-Börnstein* Bd. IV/4a, Berlin, Heidelberg 1967, Seite 164)

Gas	A_0 $\frac{bar \cdot m^6}{kmol^2}$	a $\frac{m^3}{kmol}$	B_0 $\frac{m^3}{kmol}$	b $\frac{m^3}{kmol}$	C $10^4 \frac{K^3 kmol}{m^3}$
He	0,0219	0,05984	0,01400	0,0	0,0040
H_2	0,2001	-0,00506	0,02096	-0,04359	0,504
N_2	1,3623	0,02617	0,05046	-0,00691	4,20
O_2	1,5109	0,02562	0,04624	0,004208	4,80
Luft	1,3184	0,01931	0,04611	-0,01101	4,34
CO_2	5,0728	0,07132	0,10476	0,07235	66,00
NH_3	2,4247	0,17031	0,03415	0,019112	476,87
CH_4	2,3071	0,01855	0,05587	-0,15870	12,83

6.2.2 Benedict-Webb-Rubin-Gleichung

Benedict-Webb-Rubin-Gleichung

(Verallgemeinerung der Beattie-Bridgeman-Gleichung)

$$p = \frac{R_m T}{V_m} + \frac{1}{V_m^2}\left[R_m T\left(B_0 + \frac{b}{V_m}\right) - \left(A_0 + \frac{a}{V_m} - \frac{a \cdot \alpha}{V_m^4}\right) - \frac{1}{T^2}\left\{C_0 - \frac{c}{V_m}\left(1 + \frac{\gamma}{V_m^2}\right) \cdot \exp\left(-\frac{\gamma}{V_m^2}\right)\right\}\right] \quad (6.2\text{-}4)$$

Tabelle 6.2.2: Einige Zahlenwerte der Konstanten der Benedict-Webb-Rubin-Gleichung (nach *Landolt-Börnstein* Bd. IV/4a, 1967, Seite 304)

Gas	A_0 $\frac{\text{bar m}^6}{\text{kmol}^2}$	B_0 $\frac{\text{m}^3}{\text{kmol}}$	C_0 $10^6 \frac{\text{bar m}^9\text{K}^2}{\text{kmol}^2}$	a $\frac{\text{bar m}^9}{\text{kmol}^3}$
N_2	1,20830	0,0458000	0,00596710	0,0150974
CH_4	1,87958	0,0426000	0,02286905	0,0500546
C_2H_6	4,21062	0,0627724	0,181908	0,349733

Gas	b $\frac{\text{m}^6}{\text{kmol}^2}$	c $10^6 \frac{\text{bar m}^9\text{ K}^2}{\text{kmol}^3}$	α $10^{-3} \frac{\text{m}^9}{\text{kmol}^3}$	γ $10^{-2} \frac{\text{m}^3}{\text{kmol}^2}$
N_2	0,00198154	0,000555326	0,291545	0,750000
CH_4	0,00338004	0,00257872	0,124359	0,60000
C_2H_6	0,0111220	0,0332012	0,243389	1,18000

Virialkoeffizienten

6.2.3 Virialkoeffizienten

Reihenentwicklung der Zustandsgleichung

$$\frac{pv}{RT} = 1 + \frac{B(T)}{v} + \frac{C(T)}{v^2} + \ldots \qquad (6.2\text{-}5)$$

mit 1., 2., ... Virialkoeffizient B(T), C(T), ...
andere Fassung:

$$\frac{pv}{RT} = 1 + B'(T)\, p + C'(T)\, p^2 + \ldots \qquad (6.2\text{-}6)$$

6.2.4 Wasserdampfformeln

Zustandsgleichungen für Wasserdampf

Von der sechsten Internationalen Dampftafel-Konferenz (International Formulation Commitee IFC) wurden für den industriellen Gebrauch Zustandsgleichungen für gewöhnlichen Wasserdampf (d. h. bei natürlicher Isotopenzusammensetzung) angegeben.

Das Zustandsgebiet ist in 6 Bereiche aufgeteilt, für die verschiedene Gleichungen gelten. Mit diesen Gleichungen wird das Gebiet $0 \leqslant p \leqslant 1000$ bar, 273,16 K (0,01 °C) $\leqslant T \leqslant$ $\leqslant$ 1073,15 K (800 °C) beschrieben.

Plank [19] S. 155-185; *Schmidt* [23]

6.3 Zweiphasengebiete

Zum p, v-Diagramm eines realen Gases wird qualitativ das h, s-Diagramm gezeichnet.

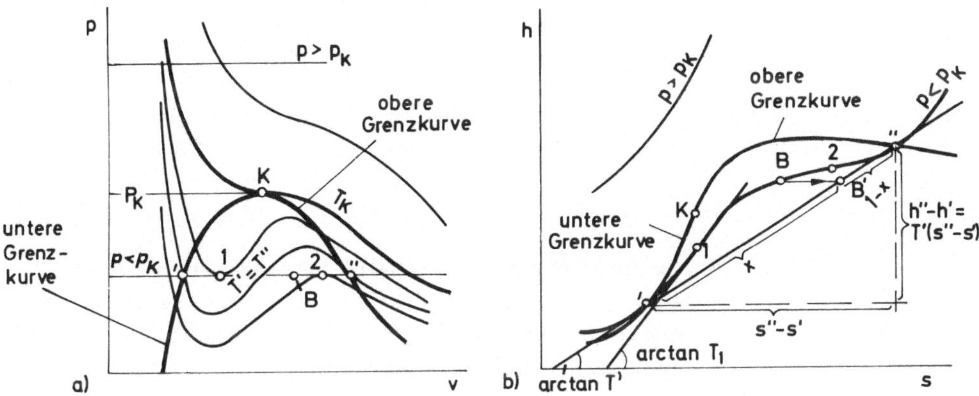

Bild 6.3 p, v-Diagramm und h, s-Diagramm eines realen Gases (schematisch, vgl. auch Bild 6.1)

a) Isobare $p < p_K$; Zustandsänderung ′→①→Ⓑ→②→″: Von ′→① nimmt die Temperatur zu, entsprechend gemäß Gl. (5.12-1) die Steigung der Isobaren im h, s-Diagramm. Von ①→② nimmt die Temperatur ab, entsprechend im h, s-Diagramm die Steigung. Von ② an nimmt die Temperatur und damit die Steigung im h, s-Diagramm zu.

b) Isobare $p \geqslant p_K$; mit zunehmendem v nimmt die Temperatur und damit die Steigung im h, s-Diagramm monoton zu

Folgerungen:

1. Im Zustand ′ und Zustand ″ hat das Medium gleichen Druck $p' = p''$ und gleiche Temperatur $T' = T''$ (thermisches und mechanisches Gleichgewicht), aber verschiedene Werte des spezifischen Volumens $v' \neq v''$, d. h. die Zustände ′ und ″ sind durch Angabe von Druck und Temperatur nicht eindeutig bestimmt, wohl aber durch Angabe von z. B. Druck und spez. Volumen.
2. Die Temperatur $T' = T''$ hängt allein vom Druck $p' = p''$ ab.
3. m′ kg vom Zustand ′, m″ kg vom Zustand ″;

$$m = m' + m''; \; x = m''/m; \; 1 - x = m'/m \qquad (6.3\text{-}1)$$

Enthalpie beider Bestandteile

$$H = m'h' + m''h'' = m\,[(1 - x)\,h' + x \cdot h''] \qquad (6.3\text{-}2)$$

spez. Enthalpie

$$h = H/m = (1 - x)\,h' + xh'' = h' + x\,(h'' - h') \qquad (6.3\text{-}3)$$

entsprechend Entropie

$$S = m's' + m''s'' = m\,[(1-x)\,s' + xs'']$$ (6.3-4)

bzw.

$$s = (1-x)\,s' + xs'' = s' + x\,(s'' - s')$$ (6.3-5)

aus (6.3-3) und (6.3-5) folgt:

$$\boxed{\frac{s-s'}{s''-s'} = \frac{h-h'}{h''-h'} = x; \quad \frac{s''-s}{s''-s'} = \frac{h''-h}{h''-h'} = 1-x}$$ (6.3-6)

4. Der Punkt B′ gibt nach (6.3-6) den (gemeinsamen Zustand von x kg des Stoffes im Zustand ″ und (1 – x) kg des Stoffes im Zustand ′ im mechanischen ($p' = p''$) und thermischen Gleichgewicht ($T' = T''$) wieder.

5. Stationärer adiabater Fließprozeß ohne Arbeitsleistung mit Ⓑ → Ⓑ′, vgl. Bild 6.3.

$$\cancelto{0}{w_{tBB'}} + \cancelto{0}{q_{BB'}} = h_{B'} - h_B = 0$$ (6.4-7)

$s_{B'} - s_B = s_{irr\,BB'} > 0$ (nach h, s-Diagramm). Daraus folgt:

6. Alle Zustände auf der Isobaren (′, 1, B, 2, ″) sind thermodynamisch instabil; sie können durch einen irreversiblen Prozeß (z.B. mit B → B′) in einen stabilen Zustand übergehen, wobei das Medium in zwei *Phasen* (mit den Zuständen ′ und ″) zerfällt.

obere und untere Grenzkurve

7. Die Verbindungslinie der „gerade noch“ stabilen Zustände ′ und ″ wird untere bzw. obere Grenzkurve genannt.

8. Lage der Grenzkurve im p, v-Diagramm.
Nach Gl. (5.8-18) und Gl. (5.8-17) ist bei Integration längs $T' = \text{konst.}$

$$h'' - h' - T'(s'' - s') = \int_{p'}^{p''}{}^{(T')} \left[v - T\left(\frac{\partial v}{\partial T}\right)_p\right] dp + T' \int_{p'}^{p''}{}^{(T')} \left(\frac{\partial v}{\partial T}\right)_p dp$$

$$= \int_{p'}^{p''}{}^{(T')} v\,dp - \underbrace{\int_{p'}^{p''}{}^{(T')} T'\left(\frac{\partial v}{\partial T}\right)_p dp + T' \int_{p'}^{p''}{}^{(T')} \left(\frac{\partial v}{\partial T}\right)_p dp}_{0}$$

h, s-Diagramm:

$$h'' - h' - T'(s'' - s') = 0 \qquad (6.3\text{-}8)$$

$$\boxed{\int_{p'}^{p''}{}^{(T')} v\,dp = 0} \qquad (6.3\text{-}9)$$

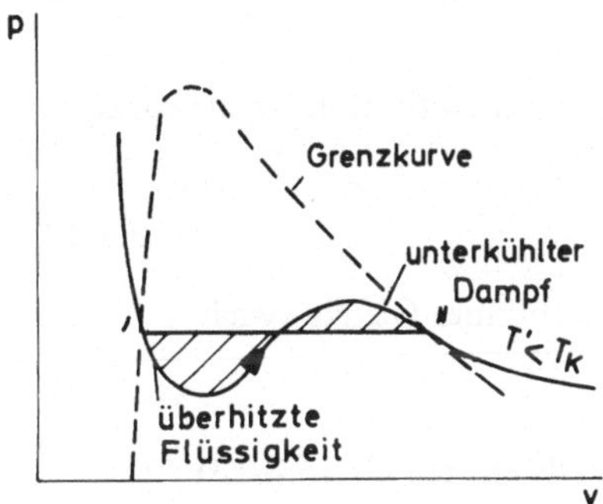

Bild 6.4
Isotherme eines realen Gases im p, v-Diagramm.
Nach Gl. (6.3-9) müssen sich die schraffierten Flächen gerade kompensieren. Dadurch wird im p, v-Diagramm die Lage der Grenzkurve bestimmt

6.3.1 Clapeyron-Clausius-Gleichung

Phasenübergang $' \rightarrow ''$ (bei p = konst. und T = konst.);
reversibler Kreisprozeß ① → ② → ③ → ④ → ①, Bild 6.5,
mit $\Delta p = p_3 - p_2 \ll p_2$ und $\Delta T = T_3 - T_2 \ll T_2$.

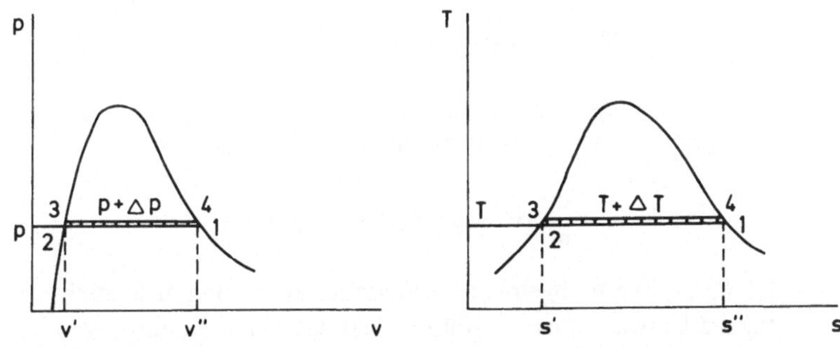

Bild 6.5. Zur Ableitung der Clapeyron-Clausius-Gleichung, Darstellung im p,v-Diagramm und T, s-Diagramm

Nach Abschnitt 5.11.4 für reversiblen Prozeß

$$\begin{aligned} -w_c &= -\oint v\,dp = \Delta p\,(v'' - v') \\ &= q_{12} + q_{23} + q_{34} + q_{41}\,. \end{aligned} \qquad (6.3\text{-}10)$$

Für $\Delta T \ll T \Rightarrow |q_{23}| + |q_{41}| \ll |q_{12}| + |q_{34}|$
und $q_{12} = T(s' - s'')$; $q_{34} = (T + \Delta T)(s'' - s')$

$$-w_c = \Delta T(s'' - s') = \frac{\Delta T}{T}(h'' - h') \quad (6.3\text{-}11)$$

Grenzübergang mit Gl. (6.3-10)

Clapeyron-Clausius-Gleichung

Clapeyron-Clausius

$$\boxed{r = h'' - h' = T(s'' - s') = T(v'' - v')\frac{dp}{dT}} \quad (6.3\text{-}12)$$

freie Enthalpie

mit Umwandlungswärme r. Mit der Definition für die spezif. *freie Enthalpie*

$$g = h - Ts \quad (6.3\text{-}13)$$

folgt aus (6.3-12) für isobar-isothermes Gleichgewicht

$$g'(T,p) = g''(T,p) \quad (6.3\text{-}12a)$$

Gl. (6.3-12) kann formal auch direkt aus Gl. (5.8-13) durch Integration erhalten werden:

$$ds = \frac{c_v}{T}dT + \left(\frac{\partial p}{\partial T}\right)_v dv$$

$$s'' - s' = \underbrace{\int_{'}^{''} \frac{c_v}{T}\,dT}_{(T')\;\to\;0} + \int_{'}^{''}\left(\frac{\partial p}{\partial T}\right)_v dv \quad (T')$$

Beim (Gleichgewichts-)Übergang $' \to ''$ hängt p(T) nicht von v ab, d.h.

$$\left(\frac{\partial p}{\partial T}\right)_v = \frac{dp}{dt} \quad \text{ist ebenfalls unabhängig von v.}$$

$$\Rightarrow s'' - s' = \frac{dp}{dt}(v'' - v') \quad (\text{Gl. } (6.3\text{-}12))$$

Schmelzen
Erstarren
Sublimation

Gl. (6.3-12) gilt allgemein für Phasenumwandlung, d.h. auch für die Umwandlung fest-flüssig (Schmelz- bzw. Erstarrungsvorgänge) oder die Umwandlung fest-gasförmig (Sublimationsvorgänge).

Ist eine Phase gasförmig (näherungsweise ideales Gas) so folgt bei Vernachlässigung des Volumens v' der flüssigen bzw. festen Phase aus Gl. (6.3-12) mit der Gasgleichung $v'' \approx RT/p$

$$r = h'' - h' \approx \frac{RT^2}{dT} \cdot \frac{dp}{p} = -R\frac{d\ln p}{d(1/T)} \quad (6.3\text{-}12b)$$

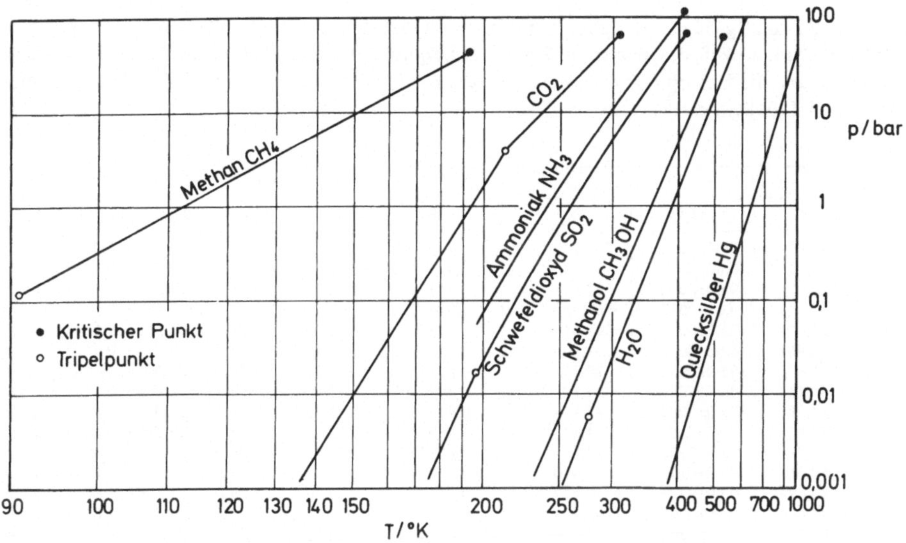

Bild 6.6. Spannungskurven einiger Stoffe (nach *F. Bosnjakovic* [4], S. 126)

Trägt man p in logarithmischer Skala über 1/T auf, so ergeben sich in 1. Näherung Geraden, vgl. Bild 6.6.

Bošnjaković [4] S. 125f., 140, 149f.

6.4 Verdampfung

6.4.1 Der Verdampfungsvorgang

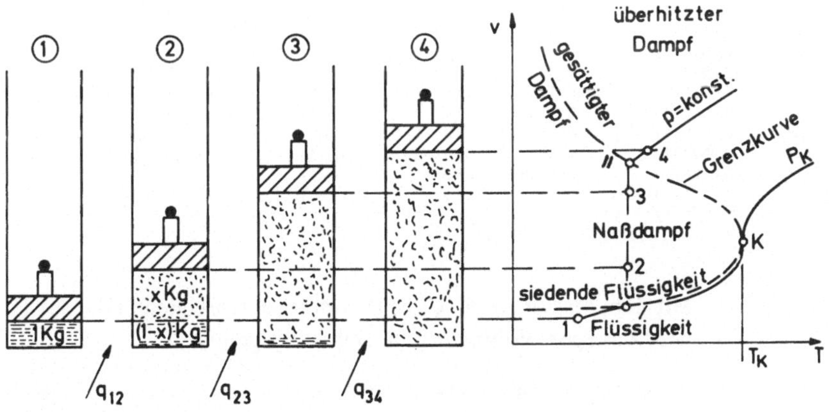

Bild 6.7. Verdampfung bei p = konst.

①→② Zunächst Erwärmung der Flüssigkeit bis (′), dann Verdampfung mit T = konst.

②→③ Verdampfung im Naßdampfgebiet

③→④ Zunächst noch weitere Verdampfung bis (″), dann isobare Aufheizung des realen Wasserdampfes von (″) bis ④

Tabelle 6.4.1 Zustandsgrößen von siedendem Wasser und trocken gesättigtem Dampf (Auszug aus *Schmidt* [23]). Nullpunktfestlegung so, daß beim Tripelpunkt (t = 0,01 °C) die Enthalpie des flüssigen Wassers h' ≈ 0 und die Entropie des flüssigen Wassers s' = 0 wird. Diese Nullpunktsfestlegung stimmt nicht mit der in Tabelle 8.3.1 überein.

p	t	v'	v''	ρ''	h'	h''	r	s'	s''
bar	°C	m³/kg	m³/kg	kg/m³	kJ/kg	kJ/kg	kJ/kg	kJ/kg K	kJ/kg K
0,006112	0,01	0,0010002	206,2	0,004851	0,00	2501,6	2501,6	0,0000	9,1575
0,010	6,9828	0,0010001	129,20	0,007739	29,34	2514,4	2485,0	0,1060	8,9767
0,015	13,036	0,0010006	87,98	0,01137	54,71	2525,5	2470,7	0,1957	8,8288
0,020	17,513	0,0010012	67,01	0,01492	73,46	2533,6	2460,2	0,2607	8,7246
0,030	24,100	0,0010027	45,67	0,02190	101,00	2545,6	2444,6	0,3544	8,5785
0,040	28,983	0,0010040	34,80	0,02873	121,41	2554,5	2433,1	0,4225	8,4755
0,050	32,898	0,0010052	28,19	0,03547	137,77	2561,6	2423,8	0,4763	8,3960
0,060	36,183	0,0010064	23,74	0,04212	151,50	2567,5	2416,0	0,5209	8,3312
0,080	41,534	0,0010084	18,10	0,05523	173,86	2577,1	2403,2	0,5925	8,2296
0,10	45,833	0,0010102	14,67	0,06814	191,83	2584,8	2392,9	0,6493	8,1511
0,15	53,997	0,0010140	10,02	0,09977	225,97	2599,2	2373,2	0,7549	8,0093
0,20	60,086	0,0010172	7,650	0,1307	251,45	2609,9	2358,4	0,8321	7,9094
0,30	69,124	0,0010223	5,229	0,1912	289,30	2625,4	2336,1	0,9441	7,7695
0,40	75,886	0,0010265	3,993	0,2504	317,65	2636,9	2319,2	1,0261	7,6709
0,50	81,345	0,0010301	3,240	0,3086	340,56	2646,0	2305,4	1,0912	7,5947
0,60	85,954	0,0010333	2,732	0,3661	359,93	2653,6	2293,6	1,1454	7,5327
0,80	93,512	0,0010387	2,087	0,4792	391,72	2665,8	2274,0	1,2330	7,4352
1,0	99,632	0,0010434	1,694	0,5904	417,51	2675,4	2257,9	1,3027	7,3598
1,0133	100	0,0010437	1,673	0,5977	419,06	2676,0	2256,9	1,3069	7,3554
1,5	111,37	0,0010530	1,159	0,8628	467,13	2693,4	2226,2	1,4336	7,2234
2,0	120,23	0,0010608	0,8854	1,129	504,70	2706,3	2201,6	1,5301	7,1268
3,0	133,54	0,0010735	0,6056	1,651	561,43	2724,7	2163,2	1,6716	6,9909
4,0	143,62	0,0010839	0,4622	2,163	604,67	2737,6	2133,0	1,7764	6,8943
5,0	151,84	0,0010928	0,3747	2,669	640,12	2747,5	2107,4	1,8604	6,8192
6,0	158,84	0,0011009	0,3155	3,170	670,42	2755,5	2085,0	1,9308	6,7575
8,0	170,41	0,0011150	0,2403	4,162	720,94	2767,5	2046,5	2,0457	6,6596
10,0	179,88	0,0011274	0,1943	5,147	762,61	2776,2	2013,6	2,1382	6,5828
15,0	198,29	0,0011539	0,1317	7,596	844,67	2789,9	1945,2	2,3145	6,4406
20,0	212,37	0,0011766	0,09954	10,05	908,59	2797,2	1888,6	2,4469	6,3367
30	233,84	0,0012163	0,06663	15,01	1008,4	2802,3	1793,9	2,6455	6,1837
40	250,33	0,0012521	0,04975	20,10	1087,4	2800,3	1712,9	2,7965	6,0685
50	263,91	0,0012858	0,03943	25,36	1154,5	2794,2	1639,7	2,9206	5,9735
60	275,55	0,0013187	0,03244	30,83	1213,7	2785,0	1571,3	3,0273	5,8908
80	294,97	0,0013842	0,02353	42,51	1317,1	2759,9	1442,8	3,2076	5,7471
100	310,96	0,0014526	0,01804	55,43	1408,0	2727,7	1319,7	3,3605	5,6198
120	324,65	0,0015268	0,01428	70,01	1491,8	2689,2	1197,4	3,4972	5,5002
140	336,64	0,0016106	0,01150	86,99	1571,6	2642,4	1070,7	3,6242	5,3803
160	347,33	0,0017103	0,009308	107,4	1650,5	2584,9	934,3	3,7471	5,2531
180	356,96	0,0018399	0,007498	133,4	1734,8	2513,9	779,1	3,8765	5,1128
200	365,70	0,0020370	0,005877	170,2	1826,5	2418,4	591,9	4,0149	4,9412
220	373,69	0,0026714	0,003728	268,3	2011,1	2195,6	184,5	4,2947	4,5799
221,20	374,15	0,00317		315,5	2107,4		0,0	4,4429	

Mit dem Massenanteil x des Dampfes (entsprechend Gl. (6.3-1) wird das spez. Volumen v im Naßdampfgebiet

$$v = xv'' + (1-x)\,v' = v' + x\,(v'' - v') \tag{6.4-1}$$

Gl. (6.4-1) läßt sich auch schreiben:

$$\frac{v - v'}{v'' - v} = \frac{x}{1-x} \quad \text{mit} \quad 0 \leqslant x \leqslant 1 \tag{6.4-1a}$$

siedende Flüssigkeit: $x = 0$; trocken gesättigter Dampf: $x = 1$.
Entsprechend erhält man für die innere Energie, die Entropie und die Enthalpie

Naßdampf

$$\frac{u - u'}{u'' - u} = \frac{s - s'}{s'' - s} = \frac{h - h'}{h'' - h} = \frac{x}{1 - x} \tag{6.4-2}$$

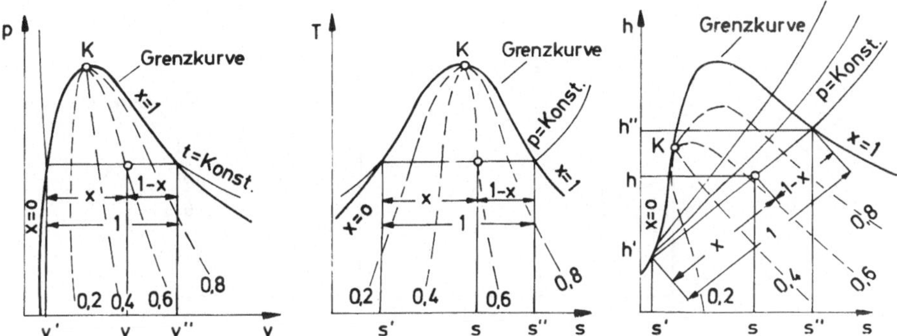

Bild 6.8. p,v-Diagramm, T,s-Diagramm und h,s-Diagramm im Naßdampfgebiet (schematisch). Gestrichelt: Linien gleichen Dampfgehaltes x

Verdampfungswärme

Verdampfungswärme

$$r = h'' - h' = \underbrace{u'' - u'}_{\text{„innere"}} + \underbrace{p(v'' - v')}_{\text{„äußere"}} \quad \text{Verdampfungswärme} \tag{6.4-3}$$

6.4.2 Quasistatische Zustandsänderungen vom Naßdampf

a) Isochore (v = konst):

$$x_2 = \frac{v_2 - v_2'}{v_2'' - v_2'} = \frac{v_1 - v_2'}{v_2'' - v_2'} \tag{6.4-4}$$

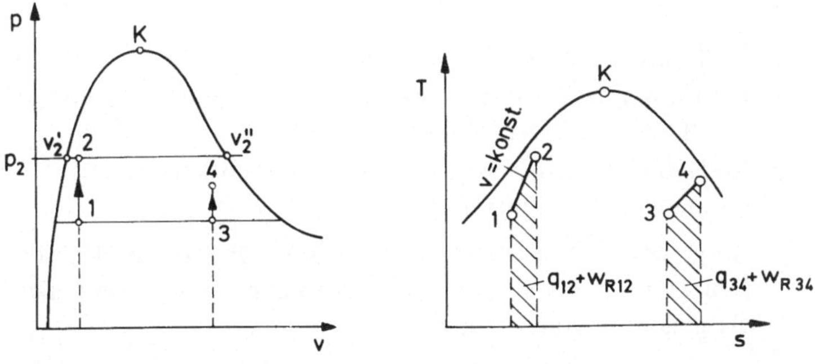

Bild 6.9. Isochore Zustandsänderung im Naßdampfgebiet, Darstellung im p,v-Diagramm und T,s-Diagramm (schematisch)

Isochore im Naßdampfgebiet

Bei kleinem Dampfgehalt (x_1) führt Wärmezufuhr zu weiterer Verflüssigung ($x_2 < x_1$), bei großem Dampfgehalt (x_3) zu weiterer Verdampfung ($x_4 > x_3$).

Isentrope im Naßdampfgebiet

b) Isentrope (s = konst):

$$x_2 = \frac{s_2 - s_2'}{s_2'' - s_2'} = \frac{s_1 - s_2'}{s_2'' - s_2'} \qquad (6.4\text{-}5)$$

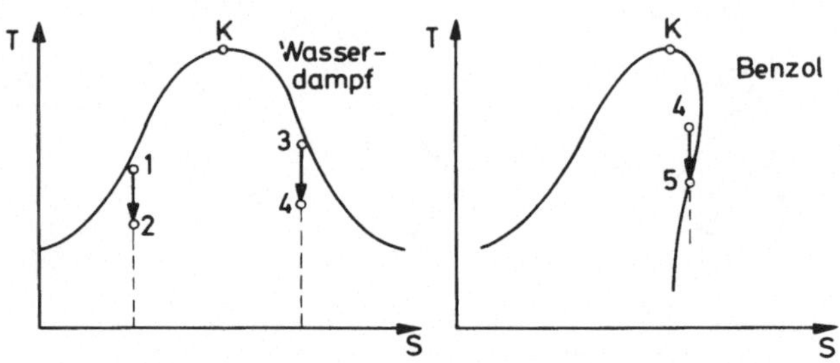

Bild 6.10. Vergleich der isentropen Expansion für Wasserdampf und Benzol im T, s-Diagramm

1. Isentrope Entspannung führt bei kleinen Dampfgehalten (x_1) zu stärkerer Verdampfung ($x_2 > x_1$), bei großen Dampfgehalten (x_3) i. a. zu größeren Feuchtigkeitsgehalten ($x_4 < x_3$).
2. Bei Stoffen mit überhängender Grenzkurve (z. B. Benzol) kann die isentrope Expansion bei großen Dampfgehalten (x_4) noch zu weiterer Verdampfung führen ($x_5 > x_4$).

Bošnjaković [4] S. 123-146

Mollier-Diagramm Wasserdampf

6.5 Mollier h, s-Diagramm für Wasserdampf

Zu beachten:

1. Nullpunktsfestlegung so, daß beim Tripelpunkt (t = 0,01 °C) die Enthalpie des flüssigen Wassers $h' \approx 0$ und die Entropie des flüssigen Wassers $s' = 0$ wird.
2. Im Naßdampfgebiet fallen Isobaren und Isothermen zusammen (s. Abschnitt 6.3).
3. Im gesamten Naßdampfgebiet sowie im überhitzten Gebiet bei Drucken von etwa 2 bar und mehr kann Wasserdampf nicht als ideales Gas angesehen werden.

4. Im Bereich des realen Wasserdampfs kann meist noch ein konstanter Isentropenexponent angenommen werden (vgl. Bild 9.2).

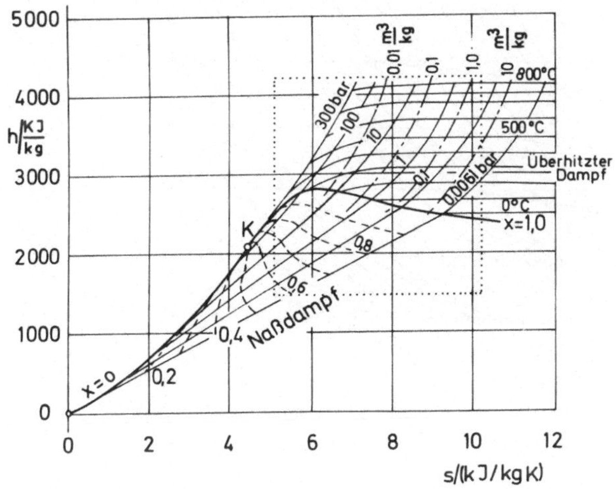

Bild 6.11. Mollier h,s-Diagramm für Wasserdampf.
Der punktierte Bereich entspricht etwa dem handelsüblichen Diagrammausschnitt, K: kritischer Punkt

Bošnjaković [4] S. 171–176

6.6 Joule-Thomson-Effekt; Grundlagen der Gasverflüssigung

Nach Gl. (5.12-3) gilt für die Neigung der Isothermen im h, s-Diagramm:

$$\left(\frac{\partial h}{\partial s}\right)_T = T\left(1 - \frac{1}{\alpha}\right)$$

1. Nach Bild 3.4 ist z.B. für Luft bei nicht zu hohen Temperaturen und Drücken kleiner als ~ 300 bar $\alpha > 1$, d.h.

$$\left(\frac{\partial h}{\partial s}\right)_T > 0.$$

2. $\left(\frac{\partial h}{\partial s}\right)_T > 0$ bedeutet, daß bei adiabater Drosselung die Temperatur abnimmt (vgl. Bild 6.12); *Joule-Thomson-Effekt.* *Joule-Thomson-Effekt*

3. Bei hohen Drucken kann $\alpha < 1$ werden, d.h. $\left(\frac{\partial h}{\partial s}\right)_T < 0$.

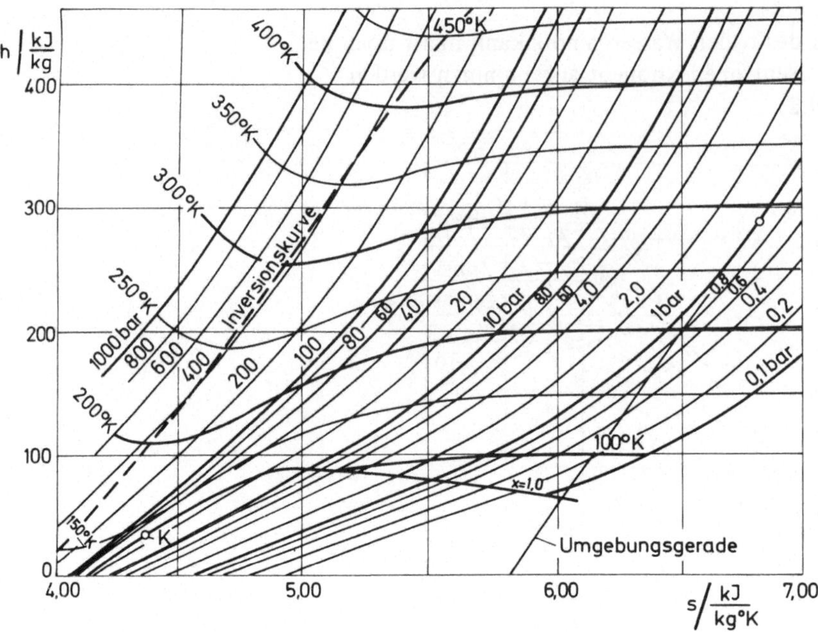

Bild 6.12 Mollier h, s-Diagramm für Luft (nach *Baehr, Schwier* [3])
– – – – Inversionskurve

Inversionskurve

4. Die Verbindungslinie der Punkte mit $\left(\frac{\partial h}{\partial s}\right)_T = 0$, d. h. $\alpha = 1$, heißt Inversionskurve. Ausgehend von einem Punkt der Inversionskurve erhält man bei adiabater Drosselung auf niedrige Drucke die größtmögliche Temperaturabsenkung, s. Bild 6.12.

Linde-Verfahren

6.6.1 Gasverflüssigungsverfahren nach Linde

Zustandsänderungen:

① → ② Verdichtung (möglichst isotherm) von p_1 auf p_2

② → ③ (nahezu) isobare Abkühlung im Gegenstrom – Wärmeaustauscher

③ → ④ (adiabate) Entspannung im Drosselventil.

Im Flüssigkeitsabscheider werden $\dot{m}'$ kg/s Naßdampf als Flüssigkeit abgeschieden, $\dot{m}'' = \dot{m} - \dot{m}'$ verlassen ihn als trocken gesättigter Dampf, der im Gegenstromwärmeaustauscher zur Vorkühlung des Gases verwendet wird.

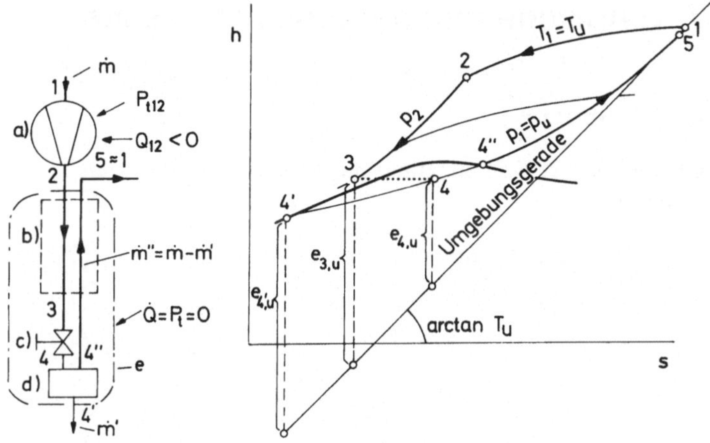

Bild 6.13. Schaltschema und h,s-Diagramm einer einfachen Linde-Gasverflüssigungsanlage

a) Verdichter, b) Gegenstrom-Wärmeaustauscher, c) Drosselventil, d) Flüssigkeitsabscheider, e) Bilanzhülle

ṁ bzw. ṁ' Massenstrom der angesaugten bzw. verflüssigten Luft

Energiebilanz am strichpunktiert gezeichneten Bilanzkreis e), (Bild 6.13). Voraussetzung: Wärmeaustausch nur zwischen den beiden Gasströmen (kein Wärmeaustausch mit der Umgebung).

1. Hauptsatz:

$$\dot{m}'h'_4 + \dot{m}''h_5 - \dot{m}h_2 = 0$$

Ausbeute: *Ausbeute*

$$z = \frac{\dot{m}'}{\dot{m}} = \frac{h_5 - h_2}{h_5 - h'_4} \qquad (6.6\text{-}1)$$

Theoretische *Mindestarbeit* (Exergie) zur Verflüssigung von 1 kg Gas ① → ④'

$$e'_{4,u} = h'_4 - h_1 - T_u\,(s'_4 - s_1). \qquad (6.6\text{-}2)$$

Wegen des Exergieverlustes bei der Drosselung *Verflüssigungsarbeit*

$$e_{v_{34}} = e_{3,u} - e_{4,u}$$

und wegen der Nichtumkehrbarkeit des Wärmeübergangs im Wärmeaustauscher b) ist der wirkliche Arbeitsaufwand beträchtlich größer.

Bošnjaković [4] S. 313–338

7 Gemische und Mischungsprozesse

7.1 Gemische

Gemisch aus N Komponenten; m_i ist die Masse der i-ten Komponente

Gesamtmasse: $m = m_1 + m_2 + \ldots + m_N$ (7.1-1)

Massenanteil

Massenanteil: $\xi_i = m_i/m$ (7.1-2)

$\xi_1 + \xi_2 + \ldots + \xi_N = 1$ (7.1-3)

Molzahl der Komponente i:

$n_i = m_i/M_i$ (M_i = Molmasse) (7.1-4)

$$m = \sum_{i=1}^{N} m_i = \sum_{i=1}^{N} n_i M_i \tag{7.1-5}$$

Gesamtmolzahl: $n = n_1 + n_2 + \ldots + n_N$ (7.1-6)

Molanteil

Molanteil: $\Psi_i = n_i/n$ (7.1-7)

$\Psi_1 + \Psi_2 + \ldots + \Psi_N = 1$ (7.1-8)

Aus Gl. (7.1-2), (7.1-4) und (7.1-5) folgt

$$\boxed{\xi_i = \frac{n_i M_i}{\sum_{i=1}^{N} n_i M_i} = \Psi_i \frac{M_i}{M}} \tag{7.1-9}$$

mit Molmasse M des Gemisches

$$\boxed{M = \sum_{i=1}^{N} n_i M_i/n = \sum_{i=1}^{N} \Psi_i M_i} \tag{7.1-10}$$

weiter folgt aus Gl. (7.1-9) und (7.1-8)

$$\boxed{\frac{1}{M} = \sum_{i=1}^{N} \frac{\xi_i}{M_i}} \tag{7.1-10a}$$

7.1.1 Gemische idealer Gase

In Gemischen idealer Gase sind die einzelnen Komponenten voneinander unabhängig.

innere Energie des Gemisches

Innere Energie:

$$U = \sum_{i=1}^{N} m_i u_i = m \sum_{i=1}^{N} \xi_i u_i$$

$$= \sum_{i=1}^{N} n_i U_{m_i} = n \sum_{i=1}^{N} \Psi_i U_{m_i} \qquad (7.1\text{-}11)$$

(U_{m_i}: Molare innere Energie der Komponente i)

Spez. innere Energie

$$u = U/m = \sum_{i=1}^{N} \xi_i u_i \qquad (7.1\text{-}12)$$

Molare innere Energie

$$U_m = U/n = \sum_{i=1}^{N} \Psi_i U_{m_i} \qquad (7.1\text{-}13)$$

Enthalpie des Gemisches

entsprechend:

$$h = \sum_{i=1}^{N} \xi_i h_i; \quad H_m = \sum_{i=1}^{N} \Psi_i H_{m_i} \qquad (7.1\text{-}14)$$

Spezifische Wärmekapazitäten des Gemisches

Spezifische Wärmekapazitäten:

$$c_v = \sum_{i=1}^{N} \xi_i c_{v_i} \qquad (7.1\text{-}15)$$

$$c_p = \sum_{i=1}^{N} \xi_i c_{p_i} \qquad (7.1\text{-}16)$$

Molare Wärmekapazitäten:

$$C_{mv} = \sum_{i=1}^{N} \Psi_i C_{m\,vi} \tag{7.1-17}$$

$$C_{mp} = \sum_{i=1}^{N} \Psi_i C_{m\,pi} \tag{7.1-18}$$

Entropie:

$$S = \sum_{i=1}^{N} m_i s_i \tag{7.1-19}$$

Entropie des Gemisches

Spez. Entropie:

$$s = \sum_{i=1}^{N} \xi_i s_i \tag{7.1-20}$$

Molare Entropie:

$$S_m = \sum_{i=1}^{N} \Psi_i S_{mi} \tag{7.1-21}$$

Bošnjaković [4] S. 39-42, 102

7.2 Adiabate Mischung idealer Gase (geschlossenes System)

1. Hauptsatz für ein adiabates System ohne Arbeitsleistung bei Vernachlässigung der Änderung der äußeren Energie:

$$Q_{I\,II} + \cancelto{0}{W_{I\,II}} = U_{II} - U_I = 0$$

$$\Rightarrow U_{II} - U_I = \sum_{i=1}^{N} m_i (u_{i_{II}} - u_{i_I}) = 0 \tag{7.2-1}$$

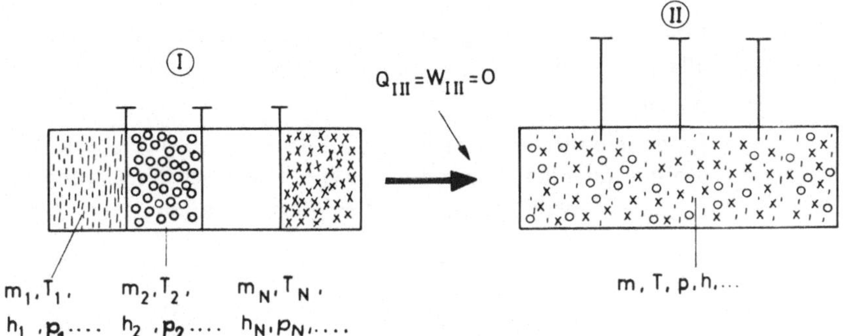

Bild 7.1. Mischungsvorgang bei konstantem Volumen. Im Zustand ① sind die einzelnen Gase getrennt; nach Entfernung der Trennwände können die einzelnen Gase sich über das ganze Volumen ausdehnen, Zustand ⑪

ideale Gase (vgl. Abschnitt 3.3):

$$U_{II} - U_I = \sum_{i=1}^{N} m_i \left[c_{v_i}\right]_{T_i}^{T} (T - T_i) = 0 \qquad (7.2\text{-}1a)$$

⇒ Mischungsendtemperatur für ideale Gase in einem abgeschlossenen System

$$T = \frac{\sum_{i=1}^{N} m_i T_i \left[c_{v_i}\right]_{T_i}^{T}}{\sum_{i=1}^{N} m_i \left[c_{v_i}\right]_{T_i}^{T}} \qquad (7.2\text{-}2)$$

Mischungsendtemperatur

2. Hauptsatz (adiabates System):

$$S_{irr\,I\,II} = S_{II} - S_I$$

Für ideale Gase ist der Zustand jeder Einzelkomponente im Gemisch durch Angabe der Masse und zweier unabhängiger Zustandsgrößen eindeutig festgelegt. Mit (Gl. (5.8-4)) wird

$$S_{irr\,I\,II} = S_{II} - S_I = \sum_{i=1}^{N} m_i \left\{ \int_{T_i}^{T} \frac{c_{vi}}{T} dT + R_i \ln \frac{V_{iII}}{V_{iI}} \right\} \qquad (7.2\text{-}3)$$

Mischungsentropie

wobei V_{iII} das Volumen bezeichnet, welches das i-te Gas im Gemisch (Zustand II) einnimmt.

Der Mischungsvorgang ließe sich reversibel durchführen, wenn alle $T_i = T$ und alle $V_{iI} = V_{iII}$. Nach Gl. (7.2-3) ist dann $S_{irr\,I\,II} = 0$.

Im anderen Falle ist nach Gl. (7.2-3) die Entropieerzeugung am größten (stabiles thermodynamisches Gleichgewicht), wenn $V_{i_{II}}$ für jedes Gas den größtmöglichen Wert annimmt:

$$\boxed{V_{i_{II}} = V_{II} = V} \tag{7.2-4}$$

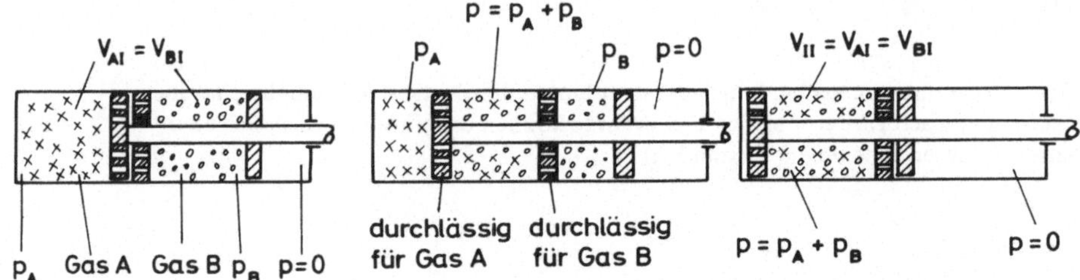

Bild 7.2. Gedankenexperiment zur reversiblen Vermischung zweier Gase. Der linke (bewegliche) Kolben sei durchlässig nur für Gas A, der mittlere (unbewegliche) nur für Gas B und der rechte Kolben gasundurchlässig. Bei langsamer Bewegung erfolgt die Verschiebung der Kolben im mechanischen Gleichgewicht (von links und von rechts wirken die Drücke $p_A + p_B$ auf das bewegliche Kolbensystem)

Für eine quasistatische Zustandsänderung des Gemischs im Zustand II folgt nach Gl. (7.2-3) und (7.2-4):

$$dS = \frac{dT}{T} \sum_{i=1}^{N} m_i c_{v_i} + \frac{dV}{V} \sum_{i=1}^{N} m_i R_i \tag{7.2-5}$$

Mit $dU = dT \sum_{i=1}^{N} m_i c_{v_i}$ (aus Gl. (7.2-1a)) folgt

$$TdS = dU + \frac{T}{V} \sum_{i=1}^{N} m_i R_i \, dV = dU + pdV$$

und hieraus:

$$\boxed{pV = mRT} \tag{7.2-6}$$

Gaskonstante der Mischung

mit der Gaskonstanten des Gemisches:

$$R = \frac{1}{m} \sum_{i=1}^{N} m_i R_i = \sum_{i=1}^{N} \xi_i R_i \tag{7.2-7}$$

Nach Gl. (3.2-10) ist $R_i = R_m/M_i$ (M_i = Molmasse) und mit Gl. (7.1-9) und (7.1-8) wird

$$R = \sum_{i=1}^{N} \xi_i \frac{R_m}{M_i} = \frac{R_m}{M} \sum_{i=1}^{N} \Psi_i = \frac{R_m}{M} = \frac{R_m}{\sum_{i=1}^{N} \Psi_i M_i} \qquad (7.2\text{-}8)$$

Aus Gl. (7.2-6) folgt auch mit Gl. (7.2-7), (3.2-5) und (7.1-6)

$$p = n \frac{R_m T}{V} = \sum_{i=1}^{N} n_i \cdot \frac{R_m T}{V} = \sum_{i=1}^{N} p_i \qquad (7.2\text{-}9)$$

mit *Partialdruck* *Partialdruck*

$$\boxed{p_i = n_i \frac{R_m T}{V} = m_i \frac{R_i T}{V}} \qquad (7.2\text{-}10)$$

Folgerungen aus Gl. (7.2-4), (7.2-9) und (7.2-10) (Gesetz von Dalton): *Gesetz von Dalton*

1. Bei Gemischen idealer Gase füllt jedes einzelne Teilgas den ganzen Raum so aus, als ob es allein vorhanden wäre und nimmt einen entsprechenden Teildruck (Partialdruck) an.
2. Den Gesamtdruck erhält man als Summe der Teildrücke.

Aus Gl. (7.2-9) und (7.2-10) folgt auch für ideale Gase

$$\boxed{\frac{p_i}{p} = \frac{n_i}{n} = \Psi_i} \qquad (7.2\text{-}11)$$

Gewöhnliche „trockene Luft“ ist ein Gemisch von

$$\Psi_{N_2} = 0{,}781 \frac{\text{kmol } N_2}{\text{kmol Luft}}, \ \Psi_{O_2} = 0{,}210 \frac{\text{kmol } O_2}{\text{kmol Luft}}; \ \Psi_{Ar} = 0{,}009 \frac{\text{kmol Ar}}{\text{kmol Luft}}$$

sowie CO_2, Ne, He, Kr, Xe, O_3 mit Molanteilen jeweils $< 1\,‰$
Gaskonstante $R_L = 287$ J/kg K; Molmasse $M_L = 28{,}966$ kg/kmol

Bošnjaković [4] S. 101-103

7.3 Stationärer und adiabater Mischungsprozeß

Stationärer Fließprozeß; Änderung der äußeren Energie vernachlässigbar.

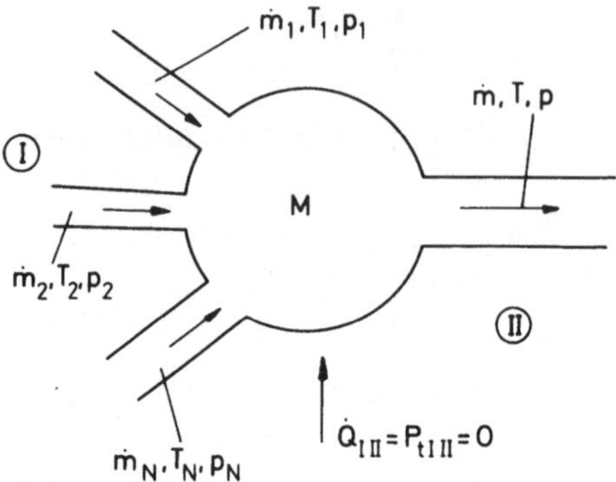

Bild 7.3. Stationäre Vermischung, M: Mischkammer, Ⓘ: Zustand vor der Vermischung, Ⓘⓘ : Zustand nach der Vermischung

Massenbilanz:

$$\dot{m} = \dot{m}_1 + \dot{m}_2 + \ldots + \dot{m}_N \tag{7.3-1}$$

1. Hauptsatz:

$$\dot{Q}_{I\,II} + P_{t\,I\,II} = \dot{H}_{II} - \dot{H}_I + \dot{E}_{a\,II} - \dot{E}_{a\,I}$$

(with $\dot{Q}_{I\,II} \to 0$ and $\dot{E}_{a\,II} - \dot{E}_{a\,I} \to 0$ struck through)

$$\dot{H}_{II} = \dot{m} h_{II} = \dot{m}_1 h_{1\,II} + \dot{m}_2 h_{2\,II} + \ldots + \dot{m}_N h_{N\,II}$$

$$\dot{H}_I = \dot{m} h_I = \dot{m}_1 h_{1I} + \dot{m}_2 h_{2I} + \ldots + \dot{m}_N h_{NI} \tag{7.3-2}$$

$$\dot{H}_{II} - \dot{H}_I = \sum_i \dot{m}_i (h_{iII} - h_{iI}) \tag{7.3-3}$$

Für ideale Gase ist $h_{iII} - h_{iI} = [c_{pi}]_{T_i}^{T} (T - T_i)$. Daraus folgt mit Gl. (7.3-3) und Gl. (7.1-2)

$$T = \frac{\sum_{i=1}^{N} \xi_i [c_{pi}]_{T_i}^{T} T_i}{\sum_{i=1}^{N} \xi_i [c_{pi}]_{T_i}^{T}} \quad \text{(ideale Gase)} \tag{7.3-4}$$

Aus Gl. (7.3-1) und (7.2-7) folgt für ideale Gase mit

$$\dot{m} = \frac{p \cdot \dot{V}}{RT} \quad \text{bzw.} \quad \dot{m}_i = \frac{p_i \dot{V}_i}{R_i T_i}$$

$$\dot{V} = \frac{RT}{p}\,\dot{m} = \frac{T}{p}\sum_{i=1}^{N}\dot{m}_i R_i = \frac{T}{p}\sum_{i=1}^{N}\frac{p_i \dot{V}_i}{T_i} \qquad (7.3\text{-}5)$$

2. Hauptsatz (adiabates System): Entropieerzeugung

$$\boxed{\dot{S}_{irr\,I\,II} = \dot{S}_{II} - \dot{S}_I = \sum_{i=1}^{N}\dot{m}_i\,(s_{iII} - s_{iI})} \qquad (7.3\text{-}6)$$

für ideale Gase (vgl. Gl. (7.2-3) und (7.2-4)):

Irreversibilität der Vermischung

$$\dot{S}_{irr\,I\,II} = \sum_{i=1}^{N}\dot{m}_i\left\{\int_{T_i}^{T}\frac{c_{vi}}{T}\,dT + R_i \ln\frac{\dot{V}}{\dot{V}_i}\right\}$$

Mit $\dot{m}_i = p_{iI}\,\dot{V}_i/R_i T_i$, dem Partialdruck $p_{iII} = \dot{m}_i R_i T/\dot{V}$ (Gl. (7.2-10)) sowie Gl. (3.3-9) wird

$$\boxed{\dot{S}_{irr\,I\,II} = \sum_{i=1}^{N}\dot{m}_i\left\{\int_{T_i}^{T}\frac{c_{pi}}{T}\,dT - R_i \ln\frac{p_{iII}}{p_{iI}}\right\}} \qquad \text{(id. Gase)} \quad (7.3\text{-}7)$$

Bošnjaković [4] S. 103-107

7.4 Feuchte Luft

7.4.1 Zustandsgrößen feuchter Luft

Feuchte Luft: Gemisch aus „trockener" Luft (Masse m_L) und Wasser bzw. Wasserdampf (Masse m_W)

Massenbilanz: $m = m_L + m_W$ (7.4-1)

Wassergehalt

Wassergehalt der Luft: $x = \frac{m_W}{m_L}$ (7.4-2)

(trockene Luft: x = 0; reines Wasser oder Wasserdampf: $x \rightarrow \infty$)

Das Wasser kann flüssig (Nebel, Niederschlag), fest (Eis, Schnee) und gasförmig (überhitzter Dampf) vorliegen.

Es ist $m_W = m_{W_{fl}} + m_{W_f} + m_{W_d}$;
entsprechend $x = x_{fl} + x_f + x_d$ (7.4-3)

Für $\begin{cases} t > 0\ °C \Rightarrow x_f = 0 & \text{(kein fester Niederschlag)} \\ t < 0\ °C \Rightarrow x_{fl} = 0 & \text{(kein flüssiger Niederschlag)} \end{cases}$

Sowohl die Luft als auch das gasförmig in ihr enthaltene Wasser werden als ideale Gase angesehen. Mit dem Gasvolumen V folgt für den Partialdruck [1])

der Luft: $$p_L = \frac{m_L R_L T}{V};$$

des Wasserdampfes: $$p_d = \frac{m_{Wd} R_d \cdot T}{V} \qquad (7.4\text{-}4)$$

mit Gesamtdruck $$p = p_L + p_d \qquad (7.4\text{-}5)$$

Aus Gl. (7.4-4) und (7.4-5) folgt mit Gl. (3.2-10)

$$x_d = \frac{m_{Wd}}{m_L} = \frac{p_d}{p_L} \cdot \frac{R_L}{R_d} = \frac{p_d}{p - p_d} \cdot \frac{M_d}{M_L} \qquad (7.4\text{-}6)$$

Verhältnis der Molmassen $M_d/M_L = 18{,}02/28{,}96 = 0{,}622$.

Aus Gl. (7.4-4) und (7.4-5) folgt auch mit Gl. (7.4-6):

$$p = p_L + p_d = \frac{m_L R_d T}{V}\left(\frac{R_L}{R_d} + x_d\right) = \frac{m_L R_d T}{V}\left(\frac{M_d}{M_L} + x_d\right)$$

⇒ Gasvolumen

$$\boxed{V = m_L \cdot \frac{R_d T}{p}\left(\frac{M_d}{M_L} + x_d\right)} \qquad (7.4\text{-}7)$$

mit $R_d = 461$ J/kgK und $M_d/M_L = 0{,}622$

Das Volumen des festen bzw. flüssigen Niederschlags ist gegen das Gasvolumen in der Regel vernachlässigbar klein.

Sättigungsdruck

1. Der Partialdruck des Wasserdampfes p_d kann bei gegebener Temperatur nicht den *Sättigungsdruck* p_s überschreiten, der durch die Dampfspannungskurve (vgl. Bild 7.4) gegeben ist.
2. Höhere Wassergehalte als dem Sättigungsdruck p_s entspricht, kann die Luft nicht gasförmig aufnehmen; der Überschuß erscheint als *Nebel* oder *Niederschlag*.

---

[1]) Gleichung (7.4-4) ist nur näherungsweise gültig; unter 100 °C betragen die Abweichungen von den exakten Werten weniger als 3 %.

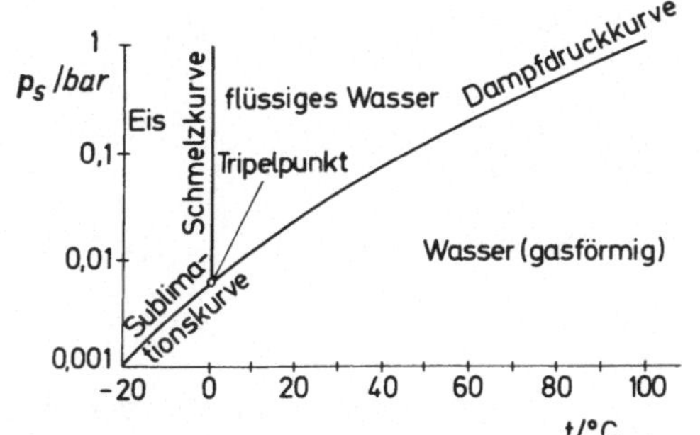

Bild 7.4
p,t-Diagramm für Wasser

Relative Feuchte:

Relative Feuchte

$$\boxed{\varphi = \frac{p_d}{p_s}} \qquad 0 \leqslant \varphi \leqslant 1 \qquad (7.4\text{-}8)$$

trockene Luft: $\varphi = 0$; gesättigte Luft $\varphi = 1$.

Mit Gl. (7.4-6) und (7.4-8) wird auch

$$\boxed{x_d = \frac{p_s(t)}{\frac{p}{\varphi} - p_s(t)} \cdot \frac{M_d}{M_L}} \qquad (7.4\text{-}6a)$$

d.h. für konstantes t und x_d ist auch

$$p/\varphi = \text{konst. (für t und } x_d = \text{konst)} \qquad (7.4\text{-}6b)$$

Wassergehalt bei Sättigung (Gl. (7.4-6a) für $\varphi = 1$):

$$\boxed{x_s = 0{,}622 \cdot \frac{p_s}{p - p_s}} \qquad (7.4\text{-}9)$$

Für $x \leqslant x_s \Rightarrow x_{fl} = x_f = 0$ (kein Niederschlag)

$x > x_s \Rightarrow x_{fl} \neq 0$ oder $x_f \neq 0$ oder beides (Niederschlag in fester und/oder flüssiger Form).

Zur Angabe des Feuchtigkeitsgehaltes wird auch noch der *Sättigungsgrad* χ verwendet:

Sättigungsgrad

$$\chi = \frac{x}{x_s} = \frac{p_d}{p - p_d} \cdot \frac{p - p_s}{p_s}$$

$$\boxed{\chi = \frac{x}{x_s} = \varphi \frac{p - p_s}{p - p_d} = \varphi \frac{p - p_s}{p - \varphi p_s} \quad 0 \leqslant \chi \leqslant 1} \qquad (7.4\text{-}10)$$

Für niedrige Temperaturen mit $p_s \ll p$ ist

$$\chi \approx \varphi \, (p_s \ll p) \tag{7.4-10a}$$

Enthalpie feuchter Luft

Enthalpie feuchter Luft (entsprechend Gl. (7.1-14)):

$$H = m_L h_L + m_{Wfl} h_{Wfl} + m_{Wf} h_{Wf} + m_{Wd} h_{Wd} \tag{7.4-11}$$

bezogen auf 1 kg trockene Luft

$$\boxed{h = H/m_L = h_L + x_{fl} h_{Wfl} + x_f h_{Wf} + x_d h_{Wd}} \tag{7.4-12}$$

Die Nullpunkte der Enthalpie werden willkürlich so gewählt, daß für $t_0 = 0\,°C$ $h_L(t_0) = h_{Wfl}(t_0) = 0$.

Damit wird für eine beliebige Temperatur t bei konstanter spez. Wärmekapazität die Enthalpie

a) der trockenen Luft $h_L(t) = c_{pL} \cdot t$

b) des flüssigen Niederschlags $h_{Wfl}(t) = c_{Wfl} \cdot t$

c) des festen Niederschlags $h_{Wf}(t) = c_{Wf} \cdot t - r_{f0}$ (7.4-13)

d) des überhitzten Wasserdampfes $h_{Wd}(t) = c_{pWd} \cdot t + r_{d0}$

Aus Gl. (7.4-12) folgt mit (7.4-13) für

Enthalpie ungesättigter Luft

a) ungesättigte Luft ($x = x_d < x_s$; $x_{fl} = x_f = 0$)

$$h = h_L + x \cdot h_{Wd}$$
$$h = c_{pL} \cdot t + x(c_{pWd} \cdot t + r_{do}) \tag{7.4-12a}$$

mit der Verdampfungswärme (bei 0 °C) $r_{do} = 2500$ kJ/kg, s.o.

$$\left(\frac{\partial h}{\partial x}\right)_{p,t} = h_{Wd} = c_{pWd} \cdot t + r_{do} \tag{7.4-14a}$$

Enthalpie gesättigte Luft (Nebelgebiet)

b) gesättigte Luft ($x \geqslant x_s$) mit $t > 0\,°C$ ($x_f = 0$)

$$h = h_L + x_s h_{Wd} + x_{fl} h_{Wfl}$$
$$h = c_{pL} t + x_s(c_{pWd} t + r_{do}) + (x - x_s) \cdot c_{Wfl} \cdot t \tag{7.4-12b}$$

$$\left(\frac{\partial h}{\partial x}\right)_{p,t} = h_{Wfl} = c_{Wfl} \cdot t \tag{7.4-14b}$$

Enthalpie gesättigter Luft (Eisnebelgebiet)

c) gesättigte Luft ($x \geqslant x_s$) mit $t < 0\,°C$ ($x_{fl} = 0$)

$$h = h_L + x_s h_{Wd} + x_f h_{Wf} \tag{7.4-12c}$$
$$h = c_{pL} \cdot t + x_s(c_{pWd} t + r_{do}) + (x - x_s)(c_{Wf} t - r_{fo})$$

$$\left(\frac{\partial h}{\partial x}\right)_{p,t} = h_{Wf} = c_{Wf} t - r_{fo} \tag{7.4-14c}$$

Zahlenwerte:

Spez. Wärmekapazitäten

a) der trockenen Luft: $c_{pL} = 1{,}004$ kJ/kg K;

b) des flüssigen Wassers $c_{Wfl} = 4{,}19$ kJ/kg K;

c) des Eises $c_{Wf} = 2{,}05$ kJ/kg K;

d) des überhitzten Dampfes $c_{pWd} = 1{,}86 \frac{kJ}{kgK}$

Schmelzwärme des Eises $r_{fo} = 333$ kJ/kg (bei p = 1 bar).
Verdampfungswärme (bei 0°C) $r_{do} = 2500$ kJ/kg.

7.4.2 Mollier h, x-Diagramm für feuchte Luft

rechtwinkliges h, x-Diagramm schiefwinkliges h, x-Diagramm *h, x-Diagramm für feuchte Luft*

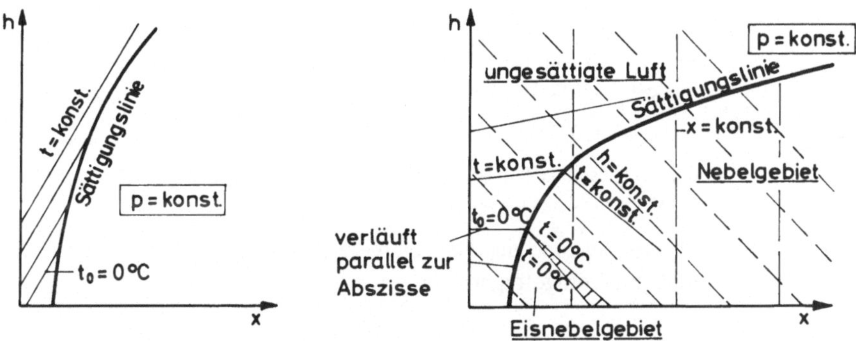

Bild 7.5. Mollier h,x-Diagramm der feuchten Luft (schematisch).
Im rechtwinkligen h,x-Diagramm verlaufen die Isothermen sehr steil. Zur besseren Übersichtlichkeit werden schiefwinklige Diagramme verwendet, deren Enthalpielinien gegen die Abszisse geneigt sind und zwar so, daß die 0 °C-Isotherme horizontal verläuft

1. Nach Gl. (7.4-12) und (7.4-13) sind die Isothermen (auch im schiefwinkligen Diagramm) Geraden, deren Neigung analog Gl. (7.4-14) bestimmt werden kann.
2. Zur bequemen Ablesung der Isothermenneigung ist ein Randmaßstab vorgesehen, Bild 7.6. *Randmaßstab*

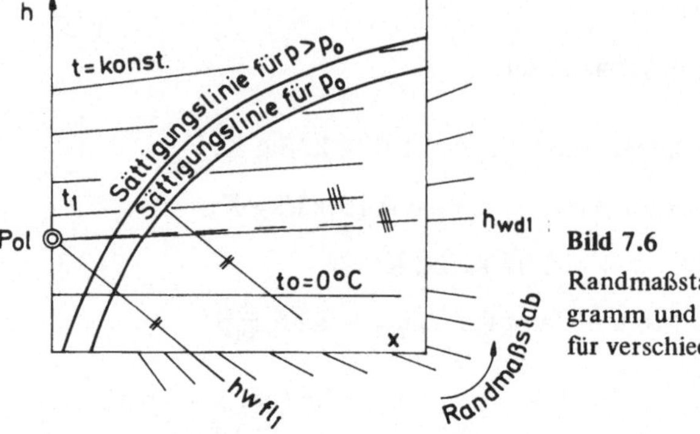

Bild 7.6
Randmaßstab am h,x-Diagramm und Sättigungslinien für verschiedene Drücke

Sättigungslinien im h, x-Diagramm für verschiedene Drücke

h, x-Diagramm für verschiedene Drücke

Gl. (7.4-12a) unabhängig vom Druck; d.h. Isothermen im Gebiet ungesättigter Luft sind nicht druckabhängig.

Verlauf der Sättigungslinien und allgemein der Linien φ = konst. druckabhängig; in Diagramme mit Linien φ = konst. für einen bestimmten Druck p_0 können die Sättigungslinien und andere Linien φ = konst. für andere Drücke entsprechend Gl. (7.4-6b) eingezeichnet werden:

$$\frac{p}{\varphi} = \frac{p_0}{\varphi_0} \Rightarrow \varphi_0 = \frac{p_0}{p} \cdot \varphi$$

Beispiel: Gesamtdruck $p = 1{,}25\ p_0$; Sättigungslinie für p?
mit $\varphi = 1$ für Sättigungslinie folgt

$$\varphi_0 = 80\ \%$$

d.h. die gesuchte Sättigungslinie für den Gesamtdruck p wird durch die Linie $\varphi_0 = 80\ \%$ im Diagramm für den Gesamtdruck p_0 dargestellt.

Die Isothermen des Nebelgebietes können mit Hilfe des Randmaßstabs eingetragen werden.

7.4.3 Stationäre und adiabate Mischungsvorgänge mit feuchter Luft

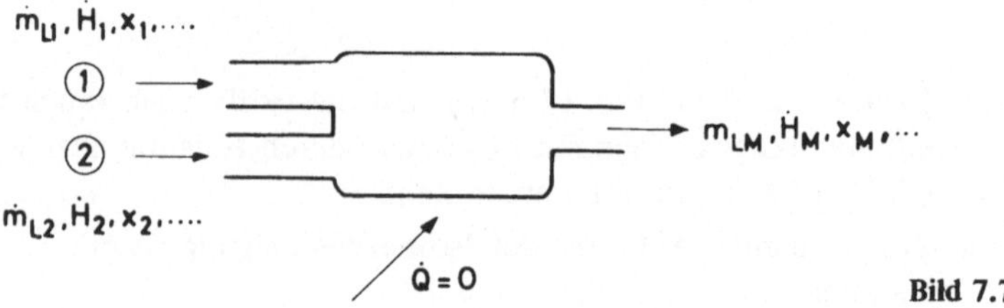

Bild 7.7

Massenerhaltung der Luft:

$$\dot{m}_{L_M} = \dot{m}_{L_1} + \dot{m}_{L_2} \qquad (7.4\text{-}15)$$

des Wassers:

$$x_M \dot{m}_{L_M} = x_M (\dot{m}_{L_1} + \dot{m}_{L_2}) = x_1 \dot{m}_{L_1} + x_2 \dot{m}_{L_2} \qquad (7.4\text{-}16)$$

1. Hauptsatz (ohne Wärmeaustausch und Arbeitsleistung und ohne Änderung der äußeren Energie):

$$0 = \dot{H}_M - \dot{H}_1 - \dot{H}_2 = (\dot{m}_{L_1} + \dot{m}_{L_2})\, h_M - \dot{m}_{L_1} h_1 - \dot{m}_{L_2} h_2 \qquad (7.4\text{-}17)$$

(hierbei sind die spezifischen Enthalpien gemäß Gl. (7.4-12) jeweils auf 1 kg trockene Luft bezogen).

Adiabate Mischung

Aus Gl. (7.4-16) und (7.4-17) folgt

$$\boxed{\frac{\dot{m}_{L_2}}{\dot{m}_{L_1}} = \frac{x_M - x_1}{x_2 - x_M} = \frac{h_M - h_1}{h_2 - h_M}} \quad \text{bzw.} \quad \boxed{\frac{h_2 - h_M}{x_2 - x_M} = \frac{h_M - h_1}{x_M - x_1}} \qquad (7.4\text{-}18)$$

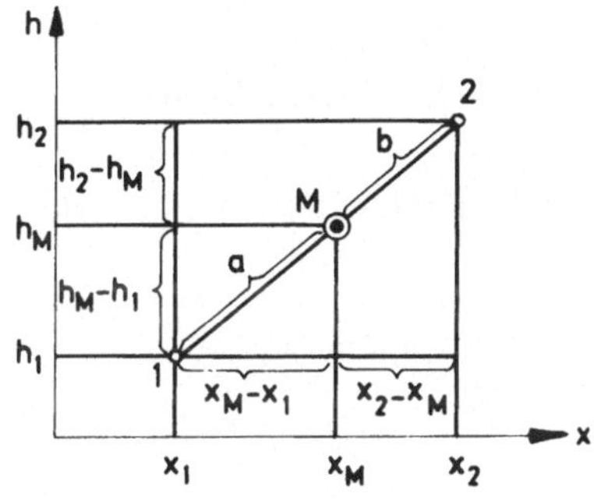

Bild 7.8
Graphische Darstellung der Gl. (7.4–18): Der Zustandspunkt M des Gemisches unterteilt die Verbindungsgerade der Ausgangszustände ① und ② im Verhältnis $a/b = \dot{m}_{L_2}/\dot{m}_{L_1}$

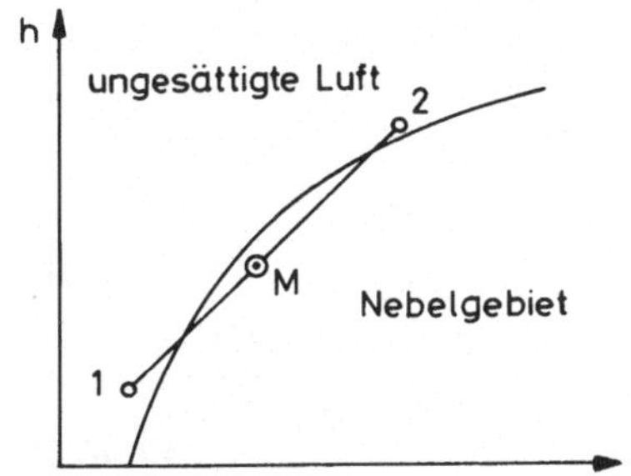

Bild 7.9
Adiabate Mischung.
Der Mischungspunkt M zweier ungesättigter Luftströme kann ins Nebelgebiet fallen

7.4.4 Stationäre Mischung mit Wärmezufuhr

Mischung mit Wärmezufuhr

Gegenüber der adiabaten Mischung (Mischpunkt M) wird nach dem 1. Hauptsatz die Mischungsenthalpie bei Wärmezufuhr (Mischpunkt M*):

$$\dot{H}_{M*} = \dot{Q} + \dot{H}_M = \dot{m}_{L_M}(h_M + \dot{Q}/\dot{m}_{L_M}) = \dot{H}_1 + \dot{H}_2 + \dot{Q} \tag{7.4-19}$$

$$\dot{H}_{M*} = \dot{H}_1 + \dot{H}_2 + \dot{Q} = \dot{m}_{L_1}(h_1 + \dot{Q}/\dot{m}_{L_1}) + \dot{m}_{L_2} h_2 = \\ = \dot{m}_{L_1} h_1 + \dot{m}_{L_2}(h_2 + \dot{Q}/\dot{m}_{L_2}) \tag{7.4-20}$$

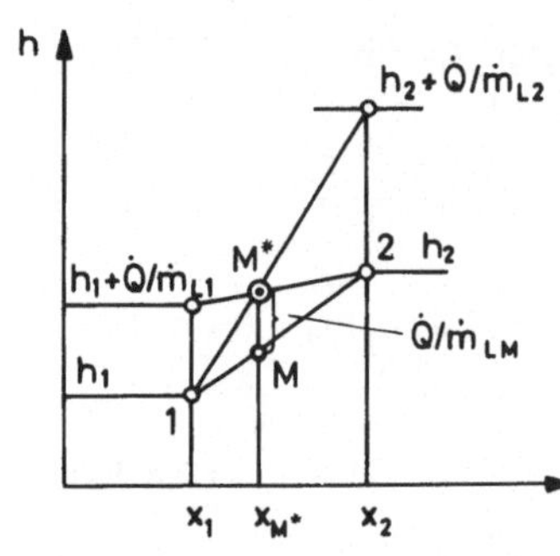

Bild 7.10
Graphische Darstellung von Gl. (7.4–20) im h,x-Diagramm.
Den Mischungspunkt M* der Mischung mit Wärmezufuhr erhält man entweder durch Abtragen von $\dot{Q}/\dot{m}_{LM}$ vom Punkt M (adiabate Mischung) aus oder durch Abtragen von $\dot{Q}/\dot{m}_{L_1}$ bzw. $\dot{Q}/\dot{m}_{L_2}$ von ① bzw. ② aus und Konstruktion der Mischungsgeraden

7.4.5 Stationäre und adiabate Zumischung von reinem Wasser bzw. Wasserdampf

Zumischen von Wasser bzw. Wasserdampf

Reines Wasser: $x \to \infty$ (fällt außerhalb des Diagrammbereichs)

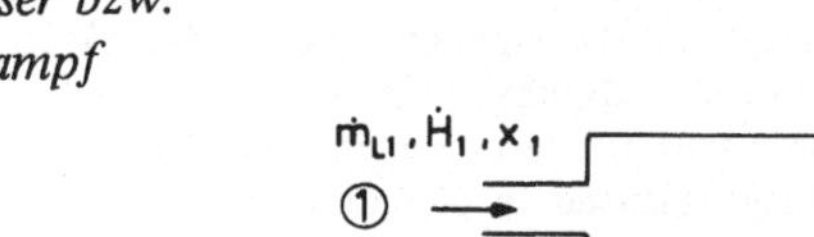

Bild 7.11 Adiabate Zumischung von Wasser bzw. Wasserdampf

Massenbilanz des Wassers:

$$\dot{m}_{L_1}(x_M - x_1) = \dot{m}_W \tag{7.4-21}$$

1. Hauptsatz

$$\dot{m}_{L_1}(h_M - h_1) = \dot{m}_W h_W \tag{7.4-22}$$

Aus Gl.(7.4-14), (7.4-21) und (7.4-22) folgt

$$\boxed{\frac{h_M - h_1}{x_M - x_1} = h_W = \left(\frac{\partial h}{\partial x}\right)_{p,\, t_W}} \qquad (7.4\text{-}23)$$

Der Mischpunkt M liegt auf einer Geraden durch Punkt ①, s. Bild 7.12, deren Neigung

$h_W = \left(\frac{\partial h}{\partial x}\right)_{p,\, t_W}$ aus dem Randmaßstab ermittelt werden kann.

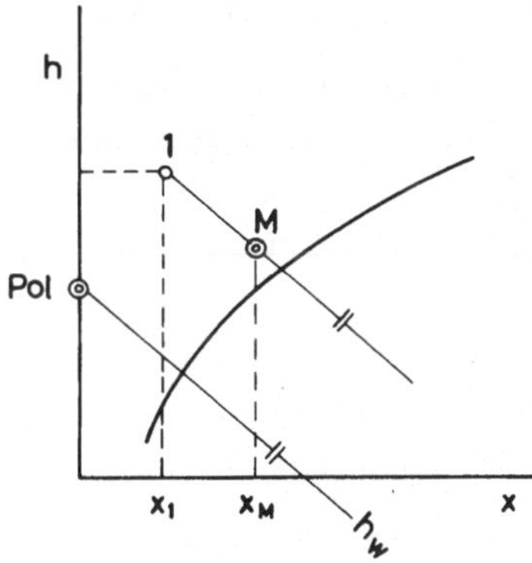

Bild 7.12
Zumischen von Wasser bzw. Wasserdampf im h, x-Diagramm

Bild 7.13, ausgehend von Zustand ① für ungesättigte Luft sind durch Zumischung von Dampf drei Fälle möglich:

a) Zumischung führt ins Nebelgebiet (Punkt A)
b) Genügende Menge ausreichend überhitzten Dampfes ergibt ungesättigte Luft (ab Punkt B)
c) Zumischung von noch stärker überhitztem Dampf erreicht nur Zustände ungesättigter Luft (Punkt C)

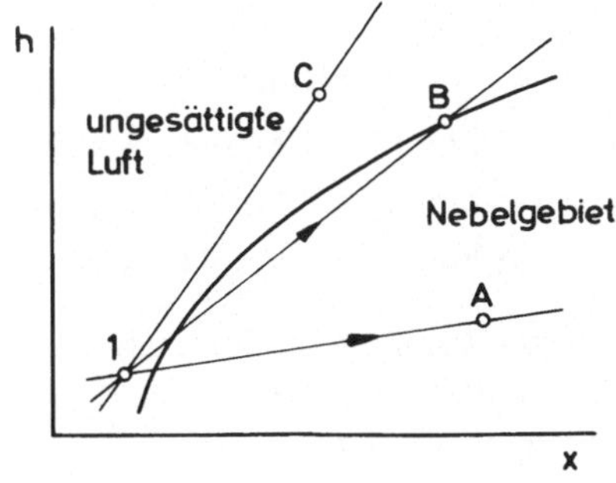

Bild 7.13
Zumischen von Wasserdampf führt ins Nebelgebiet (A) oder – bei hinreichend überhitztem Dampf – ins Gebiet der ungesättigten Luft (B)

Baehr [2] S. 216–231, 275–279

8 Verbrennungsvorgänge und andere chemische Umsetzungen

8.1 Stoffumsatz

1. Bei jedem Verbrennungsvorgang entstehen durch chemische Umsetzung aus den Ausgangsstoffen neue Stoffe.

   Beispiel:

   $CH_3OH + \text{Luft} \rightarrow N_2, O_2, CO_2, H_2O, (CO, H_2, OH, ...)$ (8.1-1)

2. Die Ausgangsstoffe auf der linken Seite einer Reaktionsgleichung (entsprechend Gl. (8.1-1)) nennt man Reaktanten, die auf der rechten Seite Produkte.
3. Zur Bestimmung des Stoffumsatzes rechnet man zweckmäßigerweise in Molen.

   Beispiele:

   $1\ \text{kmol}\ C + 1\ \text{kmol}\ O_2 \rightarrow 1\ \text{kmol}\ CO_2$

   $1\ \text{kmol}\ H_2 + \frac{1}{2}\ \text{kmol}\ O_2 \rightarrow 1\ \text{kmol}\ H_2O$

   $1\ \text{kmol}\ CH_3OH + \frac{3}{2}\ \text{kmol}\ O_2 \rightarrow 1\ \text{kmol}\ CO_2 + 2\ \text{kmol}\ H_2O$

   $1\ \text{kmol}\ CH_4 + 2\ \text{kmol}\ O_2 \rightarrow 1\ \text{kmol}\ CO_2 + 2\ \text{kmol}\ H_2O$

   $1\ \text{kmol}\ C + 1\ \text{kmol}\ H_2O \rightarrow 1\ \text{kmol}\ CO + 1\ \text{kmol}\ H_2$

   $1\ \text{kmol}\ CH_4 + 1\ \text{kmol}\ H_2O \rightarrow 1\ \text{kmol}\ CO + 3\ \text{kmol}\ H_2$

   Die Molzahlen der Reaktanten und Produkte stehen in einfachen Verhältniszahlen zueinander.
4. Bei allen chemischen Reaktionen (Kernreaktionen ausgenommen) bleiben die chemischen Elemente unverändert, sie erscheinen lediglich in verschiedenen chemischen Verbindungen.

Beispiele:	Elemente
$CH_4 + H_2O \rightarrow CO + 3H_2$	1 kmol C, 1 kmol O, 6 kmol H
$Fe_2O_3 + 3H_2 \rightarrow 2Fe + 3H_2O$	2 kmol Fe, 3 kmol O, 6 kmol H
$C + 2H_2O \rightarrow CO_2 + 2H_2$	1 kmol C, 2 kmol O, 4 kmol H

5. Bei vielen technischen Problemen kann die Produktzusammensetzung aufgrund der Elementbilanz bei gegebener Reaktantenzusammensetzung bestimmt werden.

Beispiel: 1 kmol CH_4 wird mit 10 kmol Luft (2,1 kmol O_2 und 7,9 kmol N_2) verbrannt; als Produkte entstehen O_2, CO_2, H_2O, N_2. Wie ist die Zusammensetzung?

$1\,CH_4 + 2{,}1\,O_2 + 7{,}9\,N_2 \rightarrow 1\,CO_2 + 2H_2O + 0{,}1\,O_2 + 7{,}9\,N_2$

Element C: je 1 kmol im Reaktanten- und Produktgas; Element H: je 4 kmol; Element O: je 4,2 kmol (2 × 2,1 kmol im Reaktanten-, 2 + 2 × 1 + 2 × 0,1 kmol im Produktgas).

8.1.1 Oxidationsverhältnis λ und Verbrennungsgasverhältnis χ

Stöchiometrische Verbrennung:

Mengenverhältnis Brennstoff/Oxidator so abgestimmt, daß der Oxidator genau die zur vollständigen Oxidation des Brennstoffs erforderliche Menge Sauerstoff (oder eines anderen Oxidationsmittels) enthält.

Im Beispiel: Zur vollständigen Oxidation von 1 kmol/s CH_3OH sind $3/2\,\text{kmol}_{O_2}/\text{s}$ erforderlich. Zur stöchiometrischen Verbrennung erforderliche Oxidatormenge (Luft):

$$\dot{n}_{Ox,stöch} = \frac{3}{2 \cdot 0{,}21} = 7{,}14\ \text{kmol}_{Luft}/\text{s}$$

Oxidationsverhältnis λ (auch Luftverhältnis oder Luftfaktor)

$$\lambda = \frac{\dot{n}_{Ox}}{\dot{n}_{Ox,stöch}} \qquad (8.1\text{-}2)$$

ist das Verhältnis der Oxidatormenge zur Oxidatormenge bei stöchiometrischer Verbrennung.

$\lambda > 1$ bedeutet Verbrennung mit Oxidatorüberschuß
$\lambda = 1$ bedeutet stöchiometrische Verbrennung
$\lambda < 1$ bedeutet Verbrennung bei Oxidatormangel (unvollkommene Verbrennung)

Anstelle des Oxidationsverhältnis λ wird auch das *Verbrennungsgasverhältnis* χ verwendet:

$$\chi = \frac{\left(\sum_j \dot{n}_{II,j}\right)_{gasf,\ stöch}}{\left(\sum_j \dot{n}_{II,j}\right)_{gasf.}} \qquad (8.1\text{-}3)$$

d. h.

$$\chi = \frac{\text{gasförmige Verbrennungsprodukte bei stöchiometrischer Verbrennung}}{\text{gasförmige Verbrennungsprodukte bei wirklicher Verbrennung}}$$

Im Beispiel der Verbrennung von 1 kmol/s CH_3OH + 10 kmol/s Luft ist

$$\chi = \frac{1\ \text{kmol}_{CO_2}/\text{s} + 2\ \text{kmol}_{H_2O}/\text{s} + \frac{3}{2}\,\frac{0{,}79}{0{,}21}\ \text{kmol}_{N_2}/\text{s}}{1\text{kmol}_{CO_2}/\text{s} + 2\ \text{kmol}_{H_2O}/\text{s} + 0{,}6\ \text{kmol}_{O_2}/\text{s} + 7{,}9\ \text{kmol}_{N_2}/\text{s}} = 0{,}752$$

Für $\left(\sum_j \dot{n}_{II,j}\right)_{gasf} = \left(\sum \dot{n}_{II,j}\right)_{gasf,\ stöch} + \dot{n}_{Ox} - \dot{n}_{Ox,\ stöch}$

(vollkommene Verbrennung mit Oxidatorüberschuß) ergibt eine einfache Umrechnung:

$$\chi = \frac{\omega}{\omega + \lambda - 1} \quad \text{bzw.} \quad \lambda = 1 + \omega\left(\frac{1}{\chi} - 1\right) \qquad (8.1\text{-}4)$$

mit

$$\omega = \left(\sum_j \dot{n}_{II,j}\right)_{gasf,\ stöch} / \dot{n}_{Ox,\ stöch} \qquad (8.1\text{-}5)$$

ω ist bei gegebenem Oxidator eine für den Brennstoff charakteristische Zahl; im Beispiel CH_3OH (Verbrennung mit Luft):

$$\omega = \frac{1\ \text{kmol}_{CO_2}/\text{s} + 2\ \text{kmol}_{H_2O}/\text{s} + \frac{3}{2}\,\frac{0{,}79}{0{,}21}\ \text{kmol}_{N_2}/\text{s}}{7{,}14\ \text{kmol}_{Luft}/\text{s}} = 1{,}21$$

Aus Gl. (8.1-4) folgt:

$\lambda \to \infty$ für $\chi \to 0$; $\lambda = 1$ für $\chi = 1$
$\lambda < 1$ für $\chi > 1$

Bošnjaković [4] S. 362–376; *Baehr* [2] S. 327–336

8.2 Energiebilanz

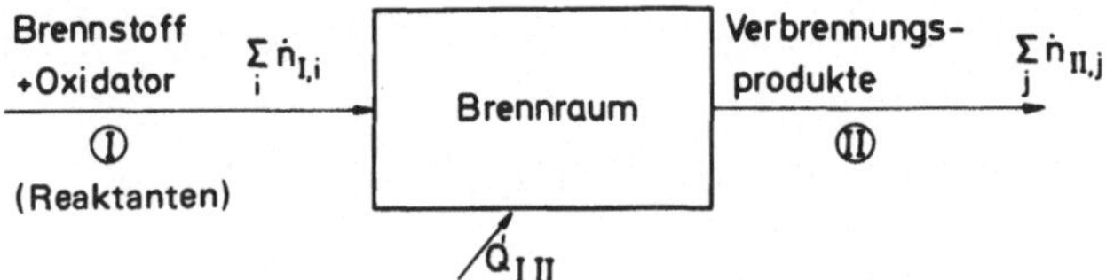

1. Hauptsatz für stationäre Fließprozesse (ohne Arbeitsleistung, ohne Änderung der äußeren Energie)

$$\dot{Q}_{I\,II} = \dot{H}_{II} - \dot{H}_I.$$

Mit den molaren Enthalpien $H_{m,j}$ wird

$$\dot{Q}_{I\,II} = \sum_j \dot{n}_{II,j}\, H_{mII,j} - \sum_i \dot{n}_{I,i}\, H_{mI,i} \qquad (8.2\text{-}1)$$

Mit den molaren Enthalpien $H_{mo,j}$ bei der Bezugstemperatur T_0 wird

$$\dot{Q}_{I\,II} = \sum_j \dot{n}_{II,j}\,(H_{mII,j} - H_{mo,j}) - \sum_i \dot{n}_{I,i}\,(H_{mI,i} - H_{mo,i})$$

$$+ \sum_j \dot{n}_{II,j}\, H_{mo,j} - \sum_i \dot{n}_{I,i}\, H_{mo,i} \qquad (8.2\text{-}2)$$

Die erste Zeile der Gl. (8.2-2) kann mit der mittleren molaren Wärmekapazität (Gl. (3.3-17)) umgeformt werden; die zweite Zeile stellt die Enthalpieunterschiede der verschiedenen Stoffe bei einer gemeinsamen Bezugstemperatur T_0 dar:

$$\dot{Q}_{I\,II} = (T_{II} - T_0) \sum_j \dot{n}_{II,j}\,[C_{mpj}]_{T_0}^{T_{II}} - (T_I - T_0) \sum_i \dot{n}_{I,i}\,[C_{mpi}]_{T_0}^{T_I} - \Delta H \qquad (8.2\text{-}3)$$

mit

$$\Delta H = \sum_i \dot{n}_{I,i}\, H_{mo,i} - \sum_j \dot{n}_{II,j}\, H_{mo,j} \qquad (8.2\text{-}4)$$

Bei vollkommener Verbrennung kann man Gl. (8.2-4) noch mit

$\dot{n}_{II,j} = \sum_i \nu_{ij}^* \dot{n}_{I,i}$ umformen

$$\Delta H = \sum_i \dot{n}_{I,i} \left\{ H_{mo,i} - \sum_j \nu_{ij}^* H_{mo,j} \right\}, \qquad (8.2\text{-}5)$$

wobei die Koeffizienten ν_{ij}^* durch die Elementbilanzen bestimmt sind.

Im Beispiel CH_3OH + Luft

$$\Delta H = \dot{n}_{I,CH_3OH} \left\{ H_{mo,CH_3OH} - H_{mo,CO_2} - 2H_{mo,H_2O} + \tfrac{3}{2} H_{mo,O_2} \right\}$$

$$+ \dot{n}_{I,O_2} \left\{ H_{mo,O_2} \overset{0}{\not-} H_{mo,O_2} \right\} + \dot{n}_{I,N_2} \left\{ H_{mo,N_2} \overset{0}{\not-} H_{mo,N_2} \right\} \quad (8.2\text{-}5a$$

1. Nach Gl. (8.2-5a) ist bei vollkommener Verbrennung $\frac{\Delta H}{\dot{n}_{I,CH_3OH}}$ vom Oxidationsverhältnis unabhängig.

Heizwert

2. $\Delta H_m = \frac{\Delta H}{\dot{n}_{I,CH_3OH}}$, der *Heizwert*, ist eine für den Brennstoff charakteristische Größe.
3. Im Beispiel CH_3OH ist der Heizwert

$$\Delta H_m = H_{mo,CH_3OH} - H_{mo,CO_2} - 2\,H_{mo,H_2O} + \tfrac{3}{2}\,H_{mo,O_2} \quad (8.2\text{-}5b)$$

Brennwert

4. Setzt man in Gl. (8.2-5b) die Enthalpie des dampfförmigen Wassers ein, so erhält man den *Heizwert* ΔH_{mu}; setzt man die Enthalpie des flüssigen Wassers ein, den *Brennwert* ΔH_{mo}.
5. Messung von Heizwert und Brennwert im *Kalorimeter* (Junkerskalorimeter, Bombenkalorimeter) genormt; DIN 51 900, DIN 51 850. Als Bezugstemperatur ist nach DIN-Norm t_0 = 25 °C.

Heizwert bei konstantem Volumen

6. Der *Heizwert* bei *konstantem Volumen* ΔU_m unterscheidet sich von dem bei konstantem Druck ΔH_m um die Verdrängungsarbeit; der Unterschied ist bei üblichen Brennstoffen sehr klein.
7. Insbesondere bei festen und flüssigen Brennstoffen werden Heizwert und Brennwert nicht auf 1 kmol, sondern auf 1 kg Brennstoff bezogen.
8. Nach Gl. (8.2-5b) sind die Enthalpienullpunkte für verschiedene Stoffe nicht beliebig wählbar, sondern müssen mit den Heizwerten abgestimmt werden, vgl. Tabelle 8.2-1.

Tabelle 8.2-1: Brennwerte und Heizwerte einiger gasförmiger Brennstoffe (nach *Perry* [15])

Stoff	Molmasse	Molvolumen bei Normzustand	Brennwert ΔH_{m0}	Heizwert ΔH_{mu}
	kg/kmol	m^3/kmol	MJ/kmol	MJ/kmol
Kohlenoxid, CO	28,00	22,40	283,2	283,2
Wasserstoff, H_2	2,016	22,43	286,0	242,0
Methan, CH_4	16,03	22,36	890,9	802,9
Azethylen, C_2H_2	26,02	22,22	1300,5	1256,4

Tabelle 8.2-2: Brennwerte und Heizwerte einiger flüssiger Brennstoffe (nach *Bošnjaković* [4])

Stoff	Molmasse	Dichte bei 15 °C	Siede-Temperatur	Brennwert Δh_0	Heizwert Δh_u
	kg/kmol	kg/dm³	°C	MJ/kg	MJ/kg
Benzin	–	0,73	60–120	46,5	43,5
Dieselkraftstoff	–	0,84	–	45,4	42,7
Motorenbenzol	78,0	0,88	–	42,3	40,4
Alkohol C_2H_6O	46,05	0,794	78,3	29,7	26,7
Oktan C_8H_{18}	114,14	0,700	125,0	48,29	44,46

8.2.1 Adiabate Verbrennungstemperatur

Für adiabate Verbrennung ($\dot{Q}_{I\,II} = 0$) folgt aus Gl. (8.2-3)

$$T_{II} = T_0 + \frac{(T_I - T_0) \sum_i \dot{n}_{I,i} \, [C_{mp,i}]_{T_0}^{T_I} + \Delta H}{\sum_j \dot{n}_{II,j} \, [C_{mp,j}]_{T_0}^{T_{II}}} \qquad (8.2\text{-}6)$$

adiabate Verbrennungstemperatur

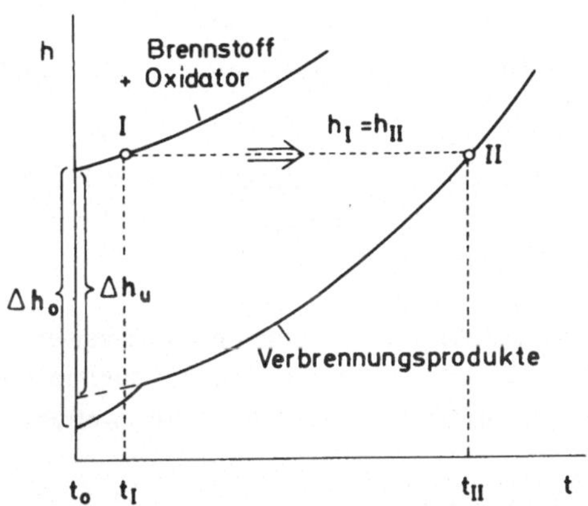

Bild 8.1 Adiabate Verbrennungstemperatur im Enthalpie-Temperatur (h, t)-Diagramm. Dargestellt sind die spezifischen Enthalpien von Brennstoff + Oxidator sowie der Verbrennungsprodukte.

Δh_0: Brennwert; Δh_u: Heizwert (Bezugstemperatur t_0)

t_I: Temperatur von Brennstoff + Oxidator

t_{II}: adiabate Verbrennungstemperatur

Bošnjaković [4] S. 376–384; *Baehr* [2] S. 336–349

8.3 Entropiebilanz und Irreversibilität der Verbrennung

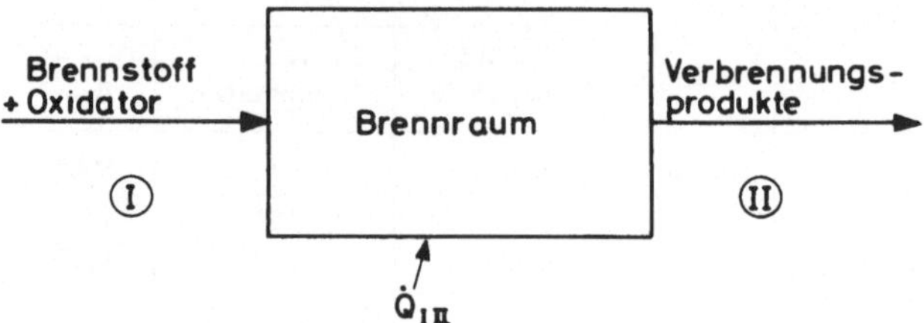

2. Hauptsatz

$$\dot{S}_{II} - \dot{S}_{I} = \dot{S}_{aust\,I\,II} + \dot{S}_{irr\,I\,II} \qquad (8.3\text{-}1)$$

Mit den molaren Entropien S_{mj} wird

$$\dot{S}_{II} - \dot{S}_{I} = \sum_{j} \dot{n}_{II,j}\, S_{mII,j} - \sum_{i} \dot{n}_{I,i}\, S_{mI,i} \qquad (8.3\text{-}2)$$

1. Zur zahlenmäßigen Auswertung der Gl. (8.3-2) müssen die Entropiewerte der einzelnen Stoffe in ihrer gegenseitigen Zuordnung bekannt sein.
2. Die Differenz von Bezugsentropien ist nicht so einfach einer Messung zugänglich wie die entsprechende Differenz von Bezugsenthalpien bei der Heizwertbestimmung.

Nernstsches Wärmetheorem

3. *Wärmetheorem* von *Nernst* (auch als 3. Hauptsatz bezeichnet) in der Fassung von Planck:

> Bei unbegrenzt abnehmender Temperatur nähert sich die Entropie eines jeden chemisch homogenen Körpers von endlicher Dichte unbegrenzt dem Werte Null.

4. Mit Hilfe des Nernstschen Wärmetheorems und Meßwerten der spezifischen Wärmekapazitäten bis zu tiefen Temperaturen können Entropiewerte homogener Stoffe bestimmt werden.

8.3.1 Exergieverlust bei adiabater Verbrennung

Für adiabate Verbrennung wird nach Gl. (8.3-1) und (8.3-2)

$$\dot{S}_{irr\,I\,II} = \dot{S}_{II} - \dot{S}_{I} = \sum_{j} \dot{n}_{II,j}\, S_{mII,j} - \sum_{i} \dot{n}_{I,i}\, S_{mI,i}$$

Erläuterungen zu Bild 8.2:

1. Bild 8.2 kann für ein gegebenes Verhältnis Brennstoff-Oxidator maßstäblich gezeichnet werden: $h_I = \dot{H}_I/\dot{m}$; $s_I = \dot{S}_I/\dot{m}$ $h_{II} = \dot{H}_{II}/\dot{m}$; $s_{II} = \dot{S}_{II}/\dot{m}$.

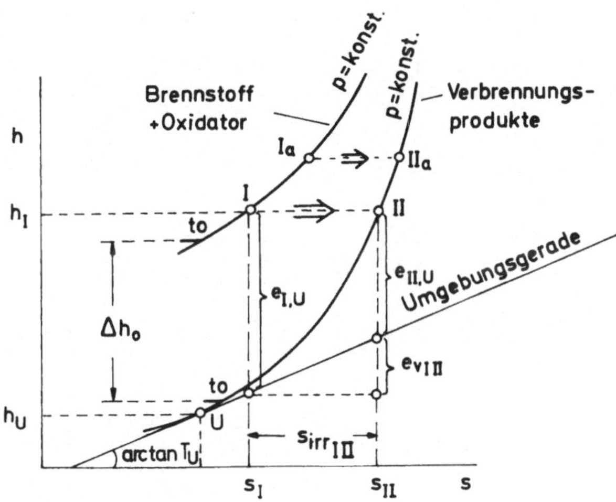

Bild 8.2

Darstellung der Exergieverluste der adiabaten Verbrennung im Mollier h,s-Diagramm

I: Zustand von Brennstoff+Oxidator vor der Verbrennung

II. Zustand der Verbrennungsprodukte nach der Verbrennung

U: Umgebungszustand der Verbrennungsprodukte

t_0: Bezugstemperatur des Brennwerts Δh_0

2. Als Bezugsmasse kann sowohl die des Gemisches als auch die Brennstoffmasse gewählt werden.
3. Die vertikale Versetzung der Isobaren für Brennstoff-Oxidator und Verbrennungsprodukte bei der Temperatur t_0 entspricht dem Brennwert Δh_0 (bzw. Heizwert Δh_u).
4. Als Umgebungszustand wird der Zustand der Verbrennungsprodukte bei p_u und T_u angesehen.
5. Die Exergie $e_{I,u}$ von Brennstoff + Oxidator im Zustand (I) erhält man als senkrechten Abstand des Zustandspunktes (I) zur Umgebungsgeraden durch (U).
6. Bei adiabater Verbrennung ($h_{II} = h_I$) erscheint die Entropieerzeugung $s_{irr\,I\,II}$ als horizontaler Abstand der Zustandspunkte (I) und (II).
7. Entropieerzeugung und damit der Exergieverlust $e_{vI\,II}$ sind umso kleiner, je höher die Temperatur T_I vor der Verbrennung ist (Vergleich (I_a) → (II_a) mit (I) → (II)).

Tabelle 8.3-1: Enthalpien und absolute Entropien verschiedener Stoffe (aus *Bosnjakovic* [5]).

Achtung!: Der Enthalpienullpunkt von H_2O stimmt nicht mit dem der Wasserdampftafel überein!
Die molaren Entropien gelten für den Druck $p_0 = 1$ bar. 1 MJ = 10^6 Joule.

	H_2		O_2		H_2O		N_2		CO		CO_2		$C_{Graphit}$		CH_4		
T	H_m	S_m	H_m	S_m	H_m	S_m	H_m	S_m	H_m	S_m	H_m	S_m	H_m	S_m	H_m	S_m	T
K	MJ/kmol	MJ/kmolK	MJ/kmol	MJ/kmolK	MJ/kmol	MJ/kmolK	MJ/kmol	MJ/kmolK	MJ/kmol	MJ/kmolK	MJ/kmol	MJ/kmolK	MJ/kmol	MJ/kmolK	MJ/kmol	MJ/kmolK	K
5000	175,26	0,22275	189,88	0,30568	19,79	0,31789	176,49	0,28607	63,71	0,29286	-104,51	0,36639	119,00	0,065400	373,09	0,39880	5000
4800	167,14	0,22109	181,34	0,30394	+7,13	0,31530	168,90	0,28452	56,10	0,29131	-117,31	0,36379	113,15	0,064203	352,00	0,39448	4800
4600	159,08	0,21938	172,84	0,30213	-5,42	0,31263	161,34	0,28291	48,51	0,28970	-130,07	0,36107	107,35	0,062969	330,94	0,39001	4600
4400	151,09	0,21760	164,39	0,30025	-17,83	0,30987	153,79	0,28123	40,93	0,28801	-142,82	0,35825	101,60	0,061693	309,96	0,38534	4400
4200	143,17	0,21576	156,00	0,29830	-30,13	0,30701	146,25	0,27948	33,36	0,28625	-155,52	0,35528	95,90	0,060367	288,99	0,38048	4200
4000	135,31	0,21384	147,65	0,29626	-42,34	0,30403	138,73	0,27764	25,82	0,28441	-168,20	0,35220	90,25	0,058990	268,13	0,37537	4000
3800	127,54	0,21185	139,36	0,29413	-54,39	0,30094	131,22	0,27572	18,28	0,28248	-180,83	0,34896	84,66	0,057555	247,35	0,37005	3800
3600	119,83	0,20977	131,11	0,29191	-66,31	0,29773	123,74	0,27369	10,76	0,28044	-193,43	0,34555	79,11	0,056053	226,62	0,36445	3600
3400	112,21	0,20759	122,94	0,28957	-78,10	0,29435	116,27	0,27156	+3,26	0,27830	-205,99	0,34197	73,61	0,054484	205,99	0,35855	3400
3200	104,66	0,20530	114,83	0,28711	-89,76	0,29081	108,83	0,26930	-4,21	0,27603	-218,51	0,33818	68,16	0,052831	185,51	0,35235	3200
3000	97,20	0,20289	106,80	0,28452	-101,25	0,28710	101,40	0,26691	-11,67	0,27363	-230,97	0,33415	62,76	0,051091	165,16	0,34577	3000
2900	93,51	0,20164	102,81	0,28317	-106,95	0,28518	97,70	0,26565	-15,38	0,27237	-237,19	0,33204	60,09	0,050183	155,05	0,34234	2900
2800	89,83	0,20035	98,84	0,28178	-112,60	0,28319	94,01	0,26436	-19,10	0,27107	-243,39	0,32986	57,42	0,049250	144,97	0,33881	2800
2700	86,19	0,19902	94,89	0,28034	-118,20	0,28116	90,32	0,26302	-22,80	0,26972	-249,59	0,32762	54,77	0,048283	134,96	0,33517	2700
2600	82,56	0,19766	90,97	0,27886	-123,76	0,27907	86,65	0,26163	-26,50	0,26832	-255,77	0,32529	52,14	0,047292	124,99	0,33140	2600
2500	78,96	0,19625	87,06	0,27733	-129,25	0,27691	82,98	0,26019	-30,19	0,26688	-261,92	0,32286	49,51	0,046262	115,06	0,32752	2500
2400	75,40	0,19479	83,18	0,27574	-134,71	0,27467	79,32	0,25870	-33,87	0,26538	-268,07	0,32036	46,91	0,045200	105,22	0,32349	2400
2300	71,86	0,19328	79,32	0,27410	-140,11	0,27238	75,68	0,25715	-37,53	0,26382	-274,20	0,31776	44,32	0,044095	95,44	0,31934	2300
2200	68,35	0,19172	75,49	0,27240	-145,44	0,27001	72,04	0,25553	-41,19	0,26219	-280,30	0,31505	41,74	0,042949	85,74	0,31502	2200
2100	64,86	0,19010	71,67	0,27062	-150,72	0,26756	68,42	0,25385	-44,84	0,26049	-286,37	0,31221	39,18	0,041761	76,15	0,31056	2100
2000	61,42	0,18842	67,88	0,26877	-155,92	0,26502	64,81	0,25209	-48,47	0,25872	-292,42	0,30927	36,64	0,040522	66,65	0,30592	2000
1900	58,01	0,18667	64,12	0,26684	-161,06	0,26239	61,22	0,25025	-52,09	0,25687	-298,45	0,30618	34,12	0,039229	57,28	0,30113	1900
1800	54,63	0,18485	60,37	0,26482	-166,12	0,25965	57,66	0,24831	-55,68	0,25492	-304,44	0,30295	31,62	0,037878	48,02	0,29612	1800
1700	51,30	0,18294	56,66	0,26269	-171,09	0,25680	54,10	0,24629	-59,27	0,25287	-310,39	0,29954	29,15	0,036459	38,92	0,29091	1700
1600	48,01	0,18095	52,96	0,26045	-175,98	0,25385	50,58	0,24415	-62,83	0,25072	-316,29	0,29597	26,69	0,034974	29,98	0,28550	1600
1500	44,76	0,17885	49,29	0,25808	-180,76	0,25076	47,08	0,24189	-66,36	0,24843	-322,16	0,29219	24,27	0,033409	21,22	0,27984	1500
1400	41,55	0,17664	45,65	0,25557	-185,44	0,24752	43,61	0,23950	-69,87	0,24601	-327,98	0,28816	21,88	0,031761	12,67	0,27395	1400
1300	38,38	0,17429	42,03	0,25289	-190,01	0,24413	40,17	0,23695	-73,34	0,24344	-333,73	0,28691	19,54	0,030024	+4,37	0,26779	1300
1200	35,27	0,17179	38,45	0,25002	-194,47	0,24057	36,78	0,23424	-76,78	0,24069	-339,40	0,27938	17,24	0,028192	-3,66	0,26137	1200
1100	32,19	0,16912	34,89	0,24693	-198,80	0,23680	33,43	0,23132	-80,17	0,23773	-344,99	0,27450	15,00	0,026242	-11,38	0,25465	1100
1000	29,15	0,16622	31,39	0,24359	-203,01	0,23280	30,13	0,22818	-83,52	0,23455	-350,47	0,26928	12,82	0,024158	-18,75	0,24762	1000
900	26,15	0,16305	27,92	0,23986	-207,08	0,22851	26,89	0,22477	-86,81	0,23108	-355,83	0,26363	10,70	0,021933	-25,72	0,24029	900
800	23,17	0,15955	24,52	0,23593	-211,02	0,22387	23,72	0,22102	-90,03	0,22729	-361,06	0,25948	8,67	0,019539	-32,26	0,23259	800
700	20,22	0,15561	21,18	0,23147	-214,84	0,21877	20,61	0,21687	-93,19	0,22308	-366,11	0,25073	6,73	0,016958	-38,30	0,22454	700
600	17,28	0,15108	17,92	0,22646	-218,54	0,21308	17,56	0,21218	-96,27	0,21833	-370,95	0,24327	4,94	0,014196	-43,80	0,21607	600
500	14,35	0,14574	14,77	0,22070	-222,11	0,20655	14,58	0,20675	-99,28	0,21248	-375,56	0,23489	3,34	0,011293	-48,73	0,20708	500
400	11,43	0,13921	11,71	0,21387	-225,59	0,19881	11,64	0,20019	-102,23	0,20625	-379,86	0,22531	2,00	0,008326	-53,07	0,19744	400
298,15	8,45	0,13063	8,68	0,20515	-229,04	0,18884	8,67	0,19161	-105,21	0,19766	-383,86	0,21379	0,98	0,005397	-56,94	0,18632	298,15
0	0		0		-238,95		0		-113,88		-393,23		0		-66,96		0

9 Strömungs- und Arbeitsprozesse

9.1 Beliebige Expansion bzw. Kompression mit quasistatischer polytroper Zustandsänderung

Nach Abschnitt 3.5.5

Polytropenexponent $n \equiv -\frac{v}{p}\left(\frac{\partial p}{\partial v}\right)_{pol}$

bzw. $n\,pdv = -\,vdp$ (9.1-1)

Änderung von Enthalpie und Entropie bei n = konst?
Ausgehen von

$$p(h,s) \to dp = \left(\frac{\partial p}{\partial h}\right)_s dh + \left(\frac{\partial p}{\partial s}\right)_h ds \qquad (9.1\text{-}2)$$

$$v(h,s) \to dv = \left(\frac{\partial v}{\partial h}\right)_s dh + \left(\frac{\partial v}{\partial s}\right)_h ds$$

$$= \left(\frac{\partial v}{\partial p}\right)_s \cdot \left(\frac{\partial p}{\partial h}\right)_s dh + \left(\frac{\partial v}{\partial p}\right)_h \cdot \left(\frac{\partial p}{\partial s}\right)_h ds \qquad (9.1\text{-}3)$$

Aus Gl. (9.1-2) und (9.1-3):

$$dp - \left(\frac{\partial p}{\partial v}\right)_h dv = \left(\frac{\partial p}{\partial h}\right)_s \left[1 - \left(\frac{\partial v}{\partial p}\right)_s \cdot \left(\frac{\partial p}{\partial v}\right)_h\right] dh$$

Mit Gl. (9.1-1)

$$\left[1 + \frac{1}{n}\frac{v}{p}\left(\frac{\partial p}{\partial v}\right)_h\right] dp = \left(\frac{\partial p}{\partial h}\right)_s \left[1 - \frac{\frac{v}{p}\left(\frac{\partial p}{\partial v}\right)_h}{\frac{v}{p}\left(\frac{\partial p}{\partial v}\right)_s}\right] dh \qquad (9.1\text{-}4)$$

Aus $Tds = dh - vdp \to \left(\frac{\partial p}{\partial h}\right)_s = \frac{1}{v}$

Damit folgt aus Gl. (9.1-4)

$$\left[1 - \frac{m}{n}\right] vdp = \left[1 - \frac{m}{k}\right] dh \qquad (9.1\text{-}5)$$

Mit

Isenthalpenexponent

$$\text{Isentropenexponent}\quad k \equiv -\frac{v}{p}\left(\frac{\partial p}{\partial v}\right)_s \qquad \text{(Gl. (3.5-15))}$$

und entsprechend

$$\text{Isenthalpenexponent}\quad m \equiv -\frac{v}{p}\left(\frac{\partial p}{\partial v}\right)_h \qquad (9.1\text{-}6)$$

[Für ideales Gas ist $m = -\frac{v}{p} \cdot \left(\frac{\partial p}{\partial v}\right)_h = -\frac{v}{p}\left(\frac{\partial p}{\partial v}\right)_T = +\frac{v}{p}\,\frac{RT}{v^2} = 1$]

Aus Gl. (9.1-5) folgt

$$v dp = \frac{1}{\nu} dh;\quad T ds = \partial q + \partial w_R = dh - v dp = (\nu - 1)\, v dp = \frac{\nu - 1}{\nu}\, dh$$

mit (9.1-7)

$$\text{Polytropenverhältnis}\quad \nu = \frac{1 - m/n}{1 - m/k} \qquad (9.1\text{-}8)$$

umgeformt:

$$\frac{1}{n} = \nu\,\frac{1}{k} + (1 - \nu)\,\frac{1}{m} \qquad (9.1\text{-}8a)$$

Für $\nu = 0 \to n = m$ (Isenthalpe)

$\nu = 1 \to n = k$ (Isentrope)

k und m über weite Bereiche hinreichend konstant, vgl. Bild 9.1 und 9.2.

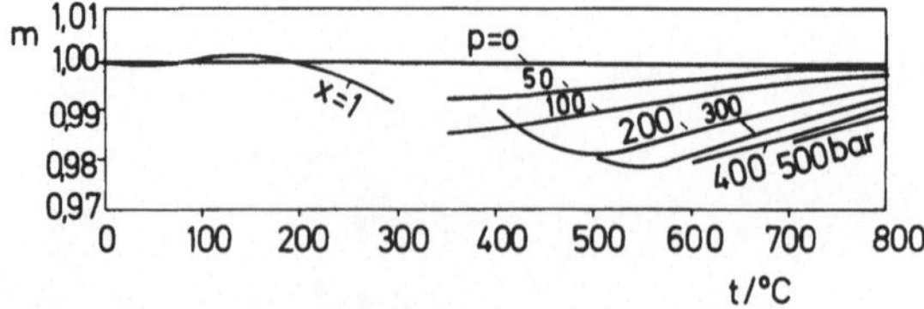

Bild 9.1 Isenthalpenexponent m für Wasserdampf (nach *Dzung, Rohrbach,* [8])

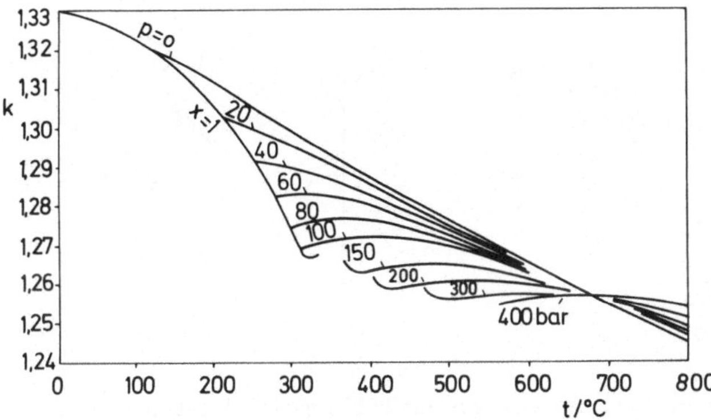

Bild 9.2 Isentropenexponent k für Wasserdampf (nach *Dzung, Rohrbach* [8])

Für konstante k, m und n ist nach Gl. (9.1-8) auch ν konstant. Integration von Gl. (9.1-7) für ν = konst.

$$\int_1^{2\,(pol)} v\,dp = \frac{1}{\nu}\,(h_2 - h_1) \qquad (9.1\text{-}9)$$

$$q_{12} + w_{R\,12} = \int_1^{2\,(pol)} T\,ds = (\nu - 1)\int_1^{2\,(pol)} v\,dp = \frac{\nu - 1}{\nu}\,(h_2 - h_1) \qquad (9.1\text{-}10)$$

Hierin ist nach Gl. (5.11-20) und (3.5-25)

$$\int_1^{2\,(pol)} v\,dp = \frac{n}{n-1}\,[p_2 v_2 - p_1 v_1] = \frac{n}{n-1}\,p_1 v_1 \left[\left(\frac{p_2}{p_1}\right)^{\frac{n-1}{n}} - 1\right]$$

Für adiabaten Prozeß ist $T\,ds > 0$ und damit (Gl. (9.1-7)):

für $dh > 0$ (Kompression): $\nu > 1$
$dh < 0$ (Expansion): $\nu < 1$
(adiabater Prozeß)

Aus Gl. (9.1-7) folgt auch mit Gl. (5.12-1):

$$\left(\frac{\partial h}{\partial s}\right)_{pol} = \frac{\nu}{\nu - 1}\cdot T = \frac{\nu}{\nu - 1}\left(\frac{\partial h}{\partial s}\right)_p \qquad (9.1\text{-}11)$$

Aus Gl. (9.1-11) ergibt sich eine einfache Konstruktion im Mollierdiagramm, Bild 9.3.

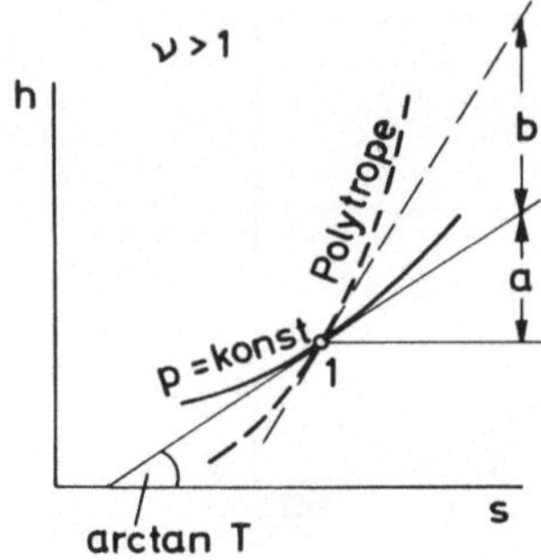

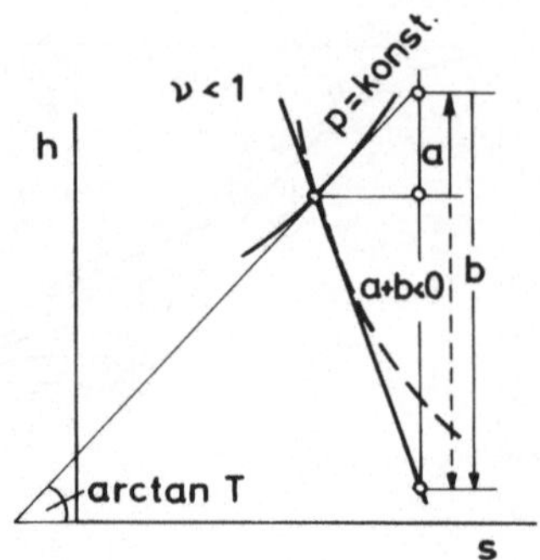

Bild 9.3 Verhältnis der Neigungen von Polytropen und Isobaren im h, s-Diagramm. Zeichnet man im Punkt 1 die Tangenten an die Isobare und die Polytrope, so ergibt sich nach Gl. (9.1-11)

$$\frac{a+b}{a} = \frac{\nu}{\nu - 1}$$

Daraus folgt mit Gl. (9.1-7)

$$\frac{a}{b} = \frac{\nu - 1}{1} = \frac{\partial q + \partial w_R}{vdp}$$

Ist bei einer Zustandsänderung ① → ② ν = konst, so unterteilen die Tangenten an die Isobare und Polytrope im Punkt ① (oder ②) die Enthalpiedifferenz $h_2 - h_1$ in

$$h_2 - h_1 = \overset{(pol)}{\int_1^2} vdp + (q_{12} + w_{R_{12}}), \text{ Bild 9.4}$$

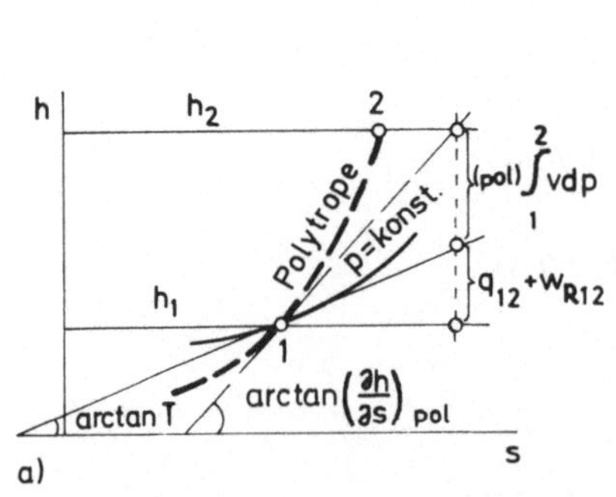

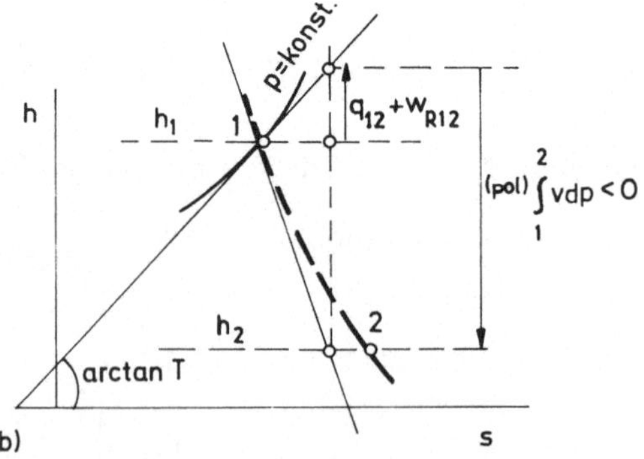

Bild 9.4 Darstellung von $q_{12} + w_{R_{12}}$ und $\overset{(pol)}{\int_1^2} vdp$ bei ν = konst. im h, s-Diagramm.

a) $\nu > 1$ (Kompression)

b) $\nu < 1$ (Expansion)

9.2 Verzögerte und beschleunigte stationäre Strömungsvorgänge ohne Arbeitsleistung

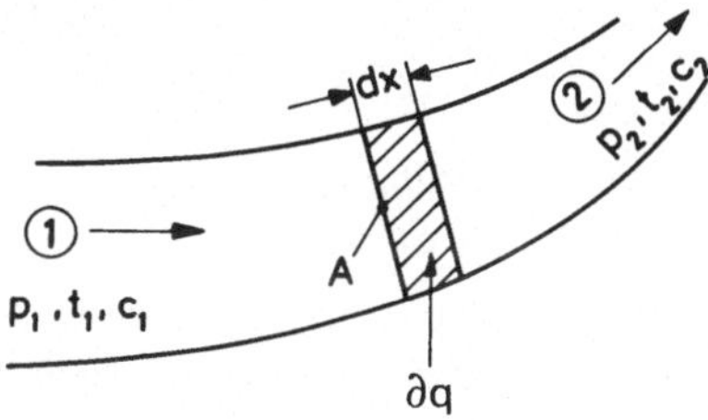

Voraussetzung: Existenz sinnvoller Werte der Zustandsgrößen $p_1, t_1, c_1; p_2, t_2, c_2$.

Beschränkung auf Prozesse mit $w_{t_{12}} = 0$

1. Hauptsatz (stationäre Fließprozesse)

$$q_{12} + \overset{0}{\cancel{w_{t_{12}}}} = h_2 - h_1 + e_{a_2} - e_{a_1} = h_{t_2} - h_{t_1} \qquad (9.2\text{-}1)$$

(mit der Totalenthalpie $h_t = h + e_a$).

Weitere Voraussetzung: Quasistatische Zustandsänderung.

Dann ist für jedes kleine Wegstück dx

$$\partial q = dh + de_a = dh_t. \qquad (9.2\text{-}1a)$$

Weiter gilt nach Gl. (5.9-1) und (5.9-2):

$$q_{12} + w_{R_{12}} = \int_1^2 Tds = h_2 - h_1 - \int_1^2 vdp \qquad (9.2\text{-}2)$$

bzw.

$$\partial q_{Fl} + \partial w_R = Tds = dh - vdp. \qquad (9.2\text{-}2a)$$

Aus Gl. (9.2-1) und (9.2-2) folgt:

$$\boxed{w_{R_{12}} + \int_1^2 vdp + e_{a_2} - e_{a_1} = 0} \qquad (9.2\text{-}3)$$

Aus Gl. (9.2-1a) und (9.2-2a) folgt für $\partial q = \partial q_{Fl}$ (Vernachlässigung des Wärmeaustausches in Strömungsrichtung):

$$\partial w_R + vdp + de_a = 0 \qquad (9.2\text{-}3a)$$

verzögerte und beschleunigte Strömung

Bernoullische Gleichung

bzw. bei Vernachlässigung der Änderung der potentiellen Energie ($de_a = cdc$)

$$\partial w_R + vdp + cdc = 0. \tag{9.2-3b}$$

Wegen $\partial w_R > 0$ folgt mit $c > 0$

a) $dc < 0$ für $dp > 0$ *(verzögerte Strömung)*
b) $dp < 0$ für $dc > 0$ *(beschleunigte Strömung).*

Für reibungsfreie Strömung ($\partial w_R = 0$) und inkompressible Strömung ($v = \text{konst}$) ergibt sich die *Bernoullische Gleichung*

$$v(p_2 - p_1) + \frac{c_2^2}{2} - \frac{c_1^2}{2} = 0$$

bzw. (9.2-3c)

$$p_2 - p_1 = \rho\left(\frac{c_1^2}{2} - \frac{c_2^2}{2}\right).$$

Kontinuitätsgleichung

In jedem Strömungsquerschnitt A muß die Massenbilanz erfüllt sein (*Kontinuitätsgleichung*). Stationäre Strömung:

$$\boxed{\dot{m} = \dot{V} \cdot \rho = A \cdot c \cdot \rho = \text{konst}} \tag{9.2-4}$$

spezif. Querschnitt

$$\boxed{a = \frac{A}{\dot{m}} = \frac{1}{\rho \cdot c} = \frac{v}{c}} \tag{9.2-5}$$

oder

$$\frac{da}{a} = -\frac{d\rho}{\rho} - \frac{dc}{c} = \frac{dv}{v} - \frac{dc}{c} \tag{9.2-5a}$$

Für inkompressible Medien ($v = \text{konst}$):

$dc > 0$ für $da < 0$ (beschleunigte Strömung bei Querschnittsverengung)
$dc < 0$ für $da > 0$ (verzögerte Strömung bei Querschnittserweiterung).

Für kompressible Medien siehe Abschnitt 9.4.

Baehr [2] S. 243–245, 252–253

9.3 Stationäre Strömung konstanten Querschnitts mit Wärmeaustausch

Aus Gl. (9.2-5a) und (9.2-3b) folgt für a = konst

$$\partial w_R + v dp + c^2 \frac{dv}{v} = 0 \qquad (9.3\text{-}1)$$

$$\left(\frac{\partial p}{\partial v}\right)_a = -\frac{1}{v}\left(\frac{\partial w_R}{\partial v}\right)_a - \left(\frac{c}{v}\right)^2 = -\frac{1}{v}\left(\frac{\partial w_R}{\partial v}\right)_a - \frac{1}{a^2} \qquad (9.3\text{-}2)$$

Für reibungsfreie Strömung ($\partial w_R = 0$) folgt:

$$\left(\frac{\partial p}{\partial v}\right)_a = -\frac{1}{a^2} = -\left(\frac{c_1}{v_1}\right)^2 = \text{konst} \qquad (9.3\text{-}3)$$

oder integriert die *Rayleigh-Beziehung:*

$$p_2 - p_1 = -\left(\frac{c_1}{v_1}\right)^2 (v_2 - v_1) = -\left(\frac{c_1}{v_1}\right)(c_2 - c_1) \qquad (9.3\text{-}4)$$

Deren graphische Darstellung, die Rayleigh-Linie, ergibt im p, v-Diagramm eine Gerade, Bild 9.5:

1. Im Punkt ③ (bzw. ③r) hat die Strömung mit dem Ausgangszustand ① je kg Medium den Höchstbetrag an Wärme und Reibungsarbeit aufgenommen.

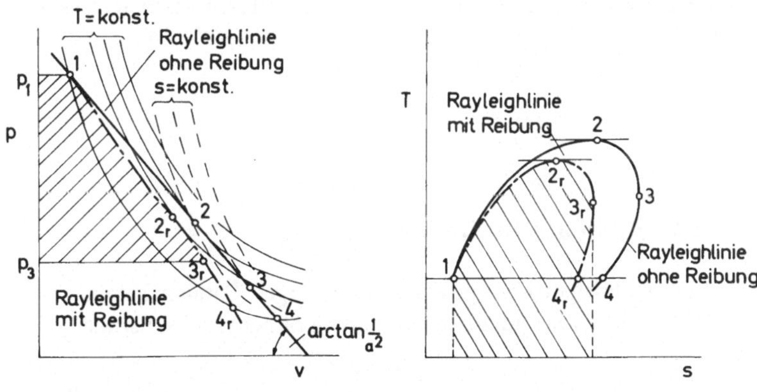

Bild 9.5 Rayleighlinie im p,v- und T,s-Diagramm

im p,v-Diagramm ist $-\int_1^{(a)3r} v dp = w_{R\,13r} + {}^1/_2\,(c_{3r}^2 - c_1^2)$ ▨

im T,s-Diagramm ist $\int_1^{(a)3r} T ds = w_{R\,13r} + q_{13r}$ ▧

2 und 2r: Zustandspunkte mit dem Maximalwert der Temperatur
3 und 3r: Zustandspunkte mit dem Maximalwert der spez. Entropie

2. Über den Punkt ③ bzw. ③r hinaus ist eine weitere Zustandsänderung nur durch Wärmeentzug (von ③ nach ④) möglich.

3. Wird eine größere spezifische Wärmezufuhr aufgezwungen als dem Punkt ③ bzw. ③r entspricht, so ist dies nur unter Änderung des Ausgangszustandes möglich – durch Erhöhung der Anfangstemperatur T_1 oder Verringerung des Massendurchsatzes (*Wärmeblockade* oder *Choking*).

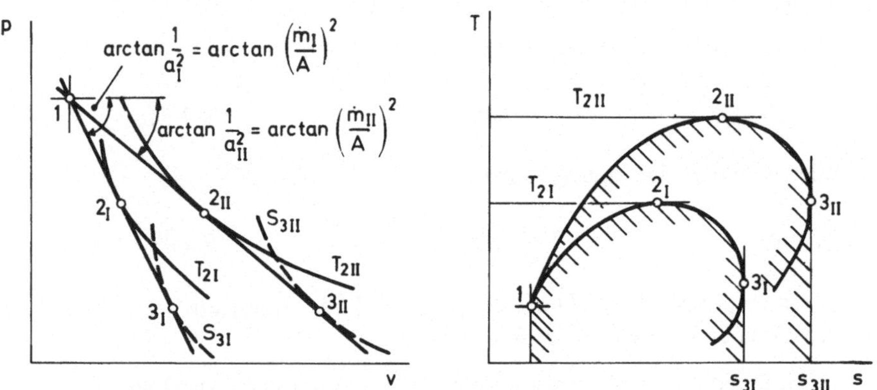

Bild 9.6. Erhöhung der maximalen spezifischen Wärmezufuhr durch Erniedrigung des Massendurchsatzes.
Massendurchsatz $\dot{m}_{II} < \dot{m}_I$.
Darstellung der Rayleighlinien im p,v- und T,s-Diagramm. Die schraffierten Flächen im T,s-Diagramm stellen die jeweils maximale spezifische Wärmezufuhr dar

Bošnjaković [4] S. 252–278

9.4 Adiabate Strömungsprozesse

Vernachlässigung der potentiellen Energie. Totalenthalpie (Gl. (5.12-4) bei adiabater Strömung ohne Arbeitsleistung

$$h_{t_1} = h_1 + c_1^2/2 = h_{t_2} = h_2 + c_2^2/2 = h_t = \text{konst} \qquad (9.4\text{-}1)$$

Aus Gl. (9.2-2) wird für $q_{12} = 0$

$$\int_2^1 v\,dp = w_{R_{12}} + h_1 - h_2 \qquad (9.4\text{-}2)$$

Folgt die Expansion einer Polytropen

$$\frac{v}{v_1} = \left(\frac{p_1}{p}\right)^{1/n} \tag{9.4-3}$$

mit n = konst, so ist nach Gl. (5.11-20)

$$\overset{(pol)}{\int_2^1} v dp = \frac{n}{n-1} [p_1 v_1 - p_2 v_2] = \frac{n}{n-1} \cdot p_1 v_1 \left[1 - \left(\frac{p_2}{p_1}\right)^{\frac{n-1}{n}}\right]$$

Bei konstantem Polytropenverhältnis ν (s. Gl. (9.1-9)) folgt aus Gl. (9.4-1)

$$\frac{c_2^2}{2} - \frac{c_1^2}{2} = h_1 - h_2 = \nu \cdot \overset{(pol)}{\int_2^1} v dp =$$

$$= \nu \cdot \frac{n}{n-1} \cdot p_1 v_1 \left[1 - \left(\frac{p_2}{p_1}\right)^{\frac{n-1}{n}}\right] \tag{9.4-4}$$

oder umgeformt für $c_1 \neq 0$

$$\frac{c_2}{c_1} = \sqrt{1 + \frac{2\nu n}{k(n-1)\, M_1^2} \left[1 - \left(\frac{p_2}{p_1}\right)^{\frac{n-1}{n}}\right]} \tag{9.4-4a}$$

mit $M_1^2 = \dfrac{c_1^2}{k\, p_1 v_1}$

Bei isentroper Expansion ($\nu = 1$; $n = k$) folgt daraus

$$\frac{c_2^2}{2} - \frac{c_1^2}{2} = \frac{k}{k-1} \cdot p_1 v_1 \left[1 - \left(\frac{p_2}{p_1}\right)^{\frac{k-1}{k}}\right] \tag{9.4-4b}$$

bzw. für $c_1 \neq 0$

$$\frac{c_2}{c_1} = \sqrt{1 + \frac{2}{(k-1)\, M_1^2} \left[1 - \left(\frac{p_2}{p_1}\right)^{\frac{k-1}{k}}\right]} \tag{9.4-4c}$$

Die spezifische Entropieerzeugung ist (bei $q_{12} = 0$) $s_{irr\,12} = s_2 - s_1$ und damit der Exergieverlust

$$e_{v_{12}} = T_u (s_2 - s_1) \tag{9.4-5}$$

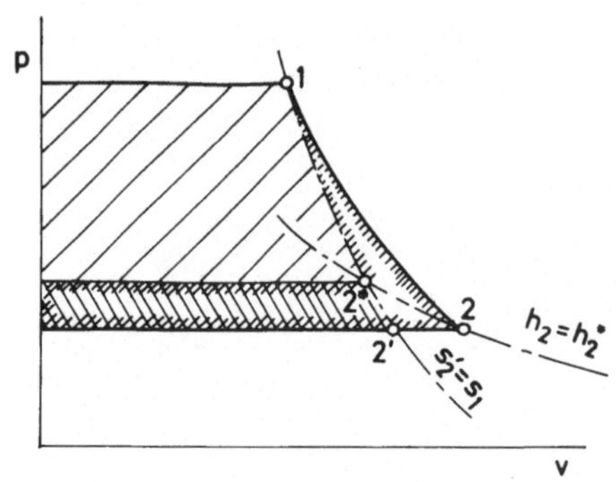

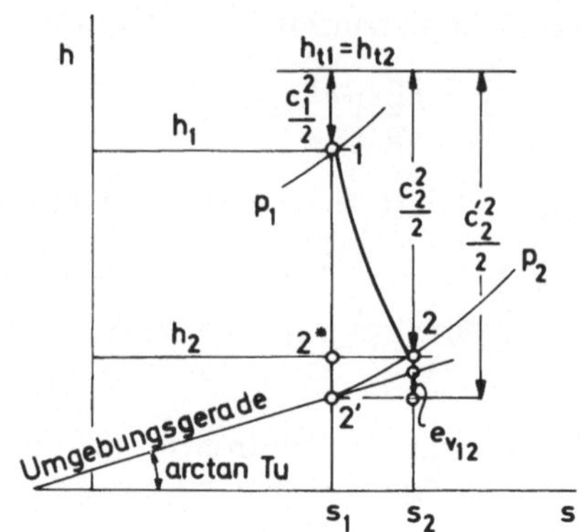

Bild 9.7. Adiabater Strömungsprozeß im p,v-Diagramm und h, s-Diagramm.
①→② reibungsbehaftete polytrope Expansion; ①→②' isentrope Expansion

1. Darstellung von $\frac{1}{2}(c_2^2 - c_1^2)$
   a) im h,s-Diagramm als Streckendifferenz $h_1 - h_2$
   b) im p,v-Diagramm als Fläche $-\int_1^{2^*}\limits^{(s)} v\,dp = h_1 - h_2^* = h_1 - h_2$ (▨) bei isentroper Expansion ①→ ②*.
2. Verlust an kinetischer Energie $\frac{1}{2}(c_2'^2 - c_2^2)$ durch reibungsbehaftete Expansion
   a) im h,s-Diagramm als Streckendifferenz $h_2^* - h_2'$
   b) im p,v-Diagramm als Fläche $-\int_{2^*}^{2'}\limits^{(s)} v\,dp = h_2^* - h_2'$ (▧).
3. Reibungsarbeit $w_{R_{12}}$
   a) im h,s-Diagramm entsprechend der Konstruktion in Bild 9.4 (in Bild 9.7 nicht eingezeichnet)
   b) im p,v-Diagramm als Differenz der Flächen $-\int_1^{2}\limits^{(pol)} v\,dp$ und $-\int_1^{2^*}\limits^{(s)} v\,dp$ (◺).
4. Der Exergieverlust $e_{v_{12}}$ ist kleiner als der Verlust an kinetischer Energie, weil die Exergie des Gases im Zustand 2 noch etwas größer ist als im Zustand ②'

9.4.1 Strömungsquerschnitte

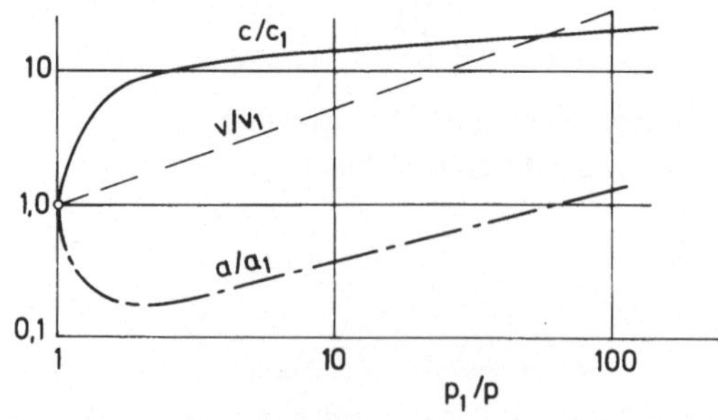

Bild 9.8. Verlauf von c/c_1 (nach Gl. (9.4–4a)), v/v_1 (nach Gl. (9.4–3)) und $a/a_1 = vc_1/(cv_1)$ (nach Gl. (9.2–5)) als Funktion von p_1/p für $M_1 = 0{,}1$ und $n = k = 1{,}4$

Folgerungen aus Bild 9.8:

1. Bei der adiabaten Expansion nimmt im allgemeinen mit fallendem Druck zunächst die Geschwindigkeit stärker zu als das spezifische Volumen, dann umgekehrt das spezifische Volumen stärker zu als die Geschwindigkeit.
2. Damit überall der gleiche Massenstrom durchgesetzt wird (Kontinuitätsgleichung), muß bei adiabater Expansion mit fallendem Druck der Strömungsquerschnitt zunächst abnehmen, dann wieder zunehmen.
3. Der Strömungsquerschnitt muß ein Minimum aufweisen, *Laval*-Düse, wenn eine bestimmte Geschwindigkeit überschritten werden soll. *Lavaldüse*

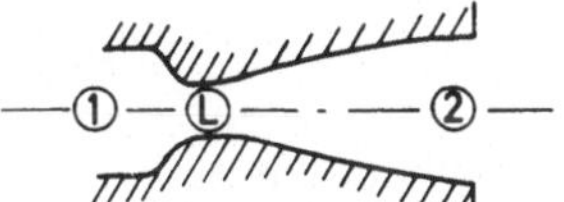

Bild 9.9
Kontur einer Lavaldüse (schematisch)
① Ausgangszustand; ② Endzustand;
Ⓛ Lavalzustand

9.4.1.1 Geschwindigkeit im Lavalzustand

Nach Gl. (9.2-5) (Kontinuitätsgleichung) ist mit Gl. (9.4-1)

$$a^2 = \frac{v^2}{c^2} = \frac{v^2}{2(h_t - h)} \overset{!}{=} \text{Minimum}$$

Das ergibt für den Lavalzustand L

$$4a \cdot \left(\frac{\partial a}{\partial p}\right)_L = 2\,\frac{v \cdot \left(\frac{\partial v}{\partial p}\right)_L}{h_t - h} + \frac{v^2}{(h_t - h)^2}\left(\frac{\partial h}{\partial p}\right)_L = 0 \qquad (9.4\text{-}6)$$

Für polytrope Zustandsänderung ist nach Gl. (3.5-23)

$$\left(\frac{\partial v}{\partial p}\right)_L = \left(\frac{\partial v}{\partial p}\right)_{pol} = -\,\frac{v_L}{n p_L}$$

und nach Gl. (9.1-7) für den Lavalzustand

$$\left(\frac{\partial h}{\partial p}\right)_{pol} = \nu \cdot v_L .$$

Eingesetzt in Gl. (9.4-6) ergibt dies mit $c^2/2 = h_t - h$ (Gl. (9.4-1)) die Lavalgeschwindigkeit *Lavalgeschwindigkeit*

$$\boxed{c_L^2 = \nu \cdot n \cdot p_L \cdot v_L} \qquad (9.4\text{-}7)$$

Später (in Abschnitt 9.4.2.2) wird gezeigt, daß für die Ausbreitungsgeschwindigkeit c_s schwacher Druckwellen *(Schallgeschwindigkeit)* gilt:

$$c_s^2 = \left(\frac{\partial p}{\partial \rho}\right)_s = - v^2 \left(\frac{\partial p}{\partial v}\right)_s = k \cdot pv \tag{9.4-8}$$

wobei von der Definition des Isentropenexponenten k (Gl. (3.5-15)) Gebrauch gemacht wurde. Daraus folgt mit Gl. (9.4-7)

$$\boxed{c_L^2 = \nu \cdot \frac{n}{k} \cdot c_{sL}^2} \tag{9.4-9}$$

für $\nu = 1$ (Isentrope) $\Rightarrow$ n = k und damit

$$c_L^2 = c_{sL}^2 = k\, p_L \cdot v_L \tag{9.4-9a}$$

d. h. für isentrope Expansion wird im Lavalquerschnitt Schallgeschwindigkeit erreicht.

9.4.1.2 Lavaldruck

Nach Gl. (9.4-4) ist $^1/_2\,(c_2^2 - c_1^2) = \nu \frac{n}{n-1} p_1 v_1 \left[1 - \left(\frac{p_2}{p_1}\right)^{\frac{n-1}{n}}\right]$.

Setzt man für ① den Lavalzustand ein und für ② den Ruhezustand (t) mit der Ruheenthalpie h_t, dem *Total-* oder *Ruhedruck* p_t der polytropen Zustandsänderung und $c_t \equiv 0$, so ist mit Gl. (9.4-7)

$$-c_L^2 = 2\nu \frac{n}{n-1} p_L v_L \left[1 - \left(\frac{p_t}{p_L}\right)^{\frac{n-1}{n}}\right] = -\nu n \cdot p_L v_L .$$

Lavaldruck

Durch Umformen erhält man für den *Lavaldruck*

$$\boxed{\frac{p_L}{p_t} = \left(\frac{2}{n+1}\right)^{\frac{n}{n-1}}} \tag{9.4-10}$$

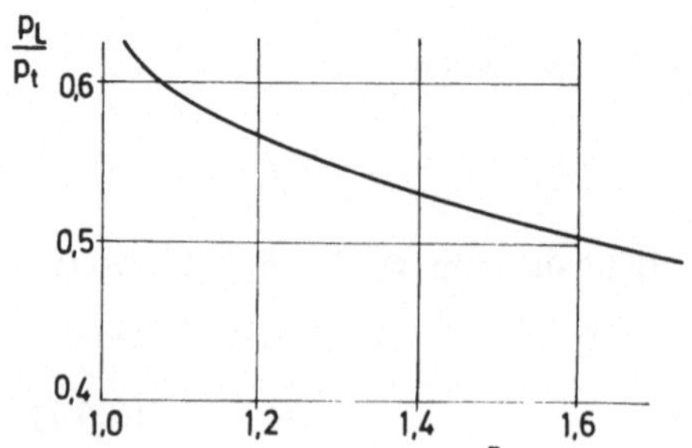

Bild 9.10
Verhältnis Lavaldruck/Ruhedruck als Funktion des Polytropenexponenten n

9.4.1.3 Lavalquerschnitt und beliebiger Düsenquerschnitt

Für den spezifischen Lavalquerschnitt folgt aus der Kontinuitätsgleichung (Gl. 9.2-5) sowie aus Gl. (9.4-7), (9.4-10) und (9.4-3)

$$\frac{1}{a_L^2} = \frac{c_L^2}{v_L^2} = \nu \cdot n \cdot \frac{p_L}{v_L}$$

Lavalquerschnitt

$$\boxed{\frac{1}{a_L^2} = \nu \cdot n \cdot \frac{p_t}{v_t}\left(\frac{2}{n+1}\right)^{\frac{n+1}{n-1}}} \qquad (9.4\text{-}11)$$

Lavalquerschnitt

beliebiger Querschnitt

$$\frac{1}{a^2} = \frac{2\,(h_t - h)}{v^2} = -\frac{2\nu}{v^2}\,\frac{n}{n-1}\,p \cdot v\left[1 - \left(\frac{p_t}{p}\right)^{\frac{n-1}{n}}\right]$$

$$\boxed{\frac{1}{a^2} = 2\nu\,\frac{p_t}{v_t}\,\frac{n}{n-1}\left[\left(\frac{p}{p_t}\right)^{\frac{2}{n}} - \left(\frac{p}{p_t}\right)^{\frac{n+1}{n}}\right] = 2\nu\,\frac{p_t}{v_t} \cdot \Psi^2} \qquad (9.4\text{-}12)$$

Düsenquerschnitt

mit Durchflußfunktion

$$\boxed{\Psi = \sqrt{\frac{n}{n-1}\left[\left(\frac{p}{p_t}\right)^{\frac{2}{n}} - \left(\frac{p}{p_t}\right)^{\frac{n+1}{n}}\right]}} \qquad (9.4\text{-}13)$$

Durchflußfunktion

Nach Gl. (9.4-11) ist

$$\Psi_L^2 = \frac{n}{n+1}\left(\frac{2}{n+1}\right)^{\frac{2}{n-1}} \qquad (9.4\text{-}13a)$$

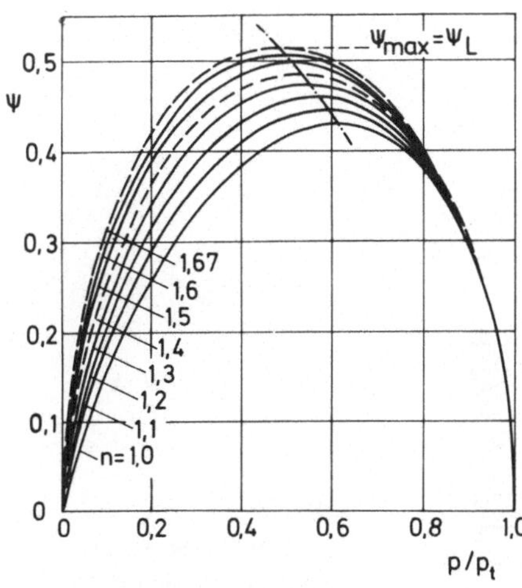

Bild 9.11
Durchflußfunktion ψ als Funktion des Druckverhältnisses p/p_t bei verschiedenen Werten des Polytropenexponenten n

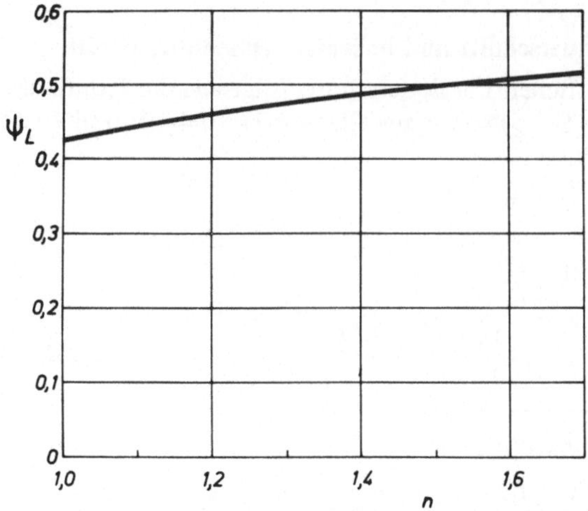

Bild 9.12
Maximalwert der Durchflußfunktion $\psi_{max} = \psi_L$ als Funktion des Polytropenexponenten n

9.4.2 Der senkrechte Verdichtungsstoß

Verschiedene Fälle bei Veränderung des Außendruckes p_a in einer erweiterten Düse:

1. $p_a < p_e$: Im Austrittsquerschnitt herrscht der Enddruck p_e; außerhalb der Düse gleicht sich der Druck im freien Strahl allmählich an den Außendruck an.
2. $p_e < p_a < p_f$: Folge gasdynamischer Verdichtungsstöße innerhalb der Düse.

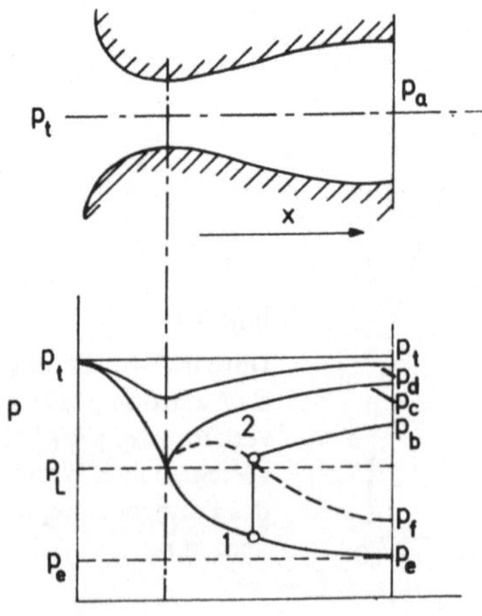

Bild 9.13
Möglicher Druckverlauf in einer erweiterten Düse

3. $p_f \leqslant p_a < p_c$: An einer Stelle tritt eine sprunghafte Druckänderung auf – senkrechter *Verdichtungsstoß* – (z. B. ① → ②) mit anschließender Verzögerung der Unterschallströmung ② bis zum Außendruck $p_b = p_a$.
4. $p_a \geqslant p_c$: Die Strömung verläuft durchweg im Unterschallbereich: Zunächst Beschleunigung bis zum engsten Querschnitt, anschließend Verzögerung bis zum Außendruck $p_d = p_a$.

Erhaltungssätze für den senkrechten adiabaten Verdichtungsstoß:

p_1, T_1, c_1 → | p_2, T_2, c_2 →

Stoßfront

a) Masse: $\dot{m} = \rho_1 \cdot c_1 \cdot A = \rho_2 c_2 A$

$$\boxed{\rho_1 \cdot c_1 = \rho_2 \cdot c_2} \qquad (9.4\text{-}14)$$

b) Impuls (Rayleighbeziehung):

$$\dot{m}(c_2 - c_1) = (p_1 - p_2)\, A \qquad (9.4\text{-}15)$$

Mit Gl. (9.4-14) folgt daraus:

$$\boxed{p_1 + \rho_1 \cdot c_1^2 = p_2 + \rho_2 \cdot c_2^2} \qquad (9.4\text{-}16)$$

c) Energie: $\dot{m}h_{t_1} = \dot{m}h_{t_2}$

$$\boxed{h_t = h_1 + \frac{c_1^2}{2} = h_2 + \frac{c_2^2}{2}} \qquad (9.4\text{-}17)$$

Aus Gl. (9.4-14) und (9.4-17) folgt die sog. *Fanno*-Beziehung

$$\boxed{\frac{h_t - h_2}{h_t - h_1} = \left(\frac{c_2}{c_1}\right)^2 = \left(\frac{\rho_1}{\rho_2}\right)^2} \qquad (9.4\text{-}18)$$

Ihre graphische Darstellung ist die *Fannokurve*, Bild 9.14.
Aus Gl. (9.4-17) und (9.4-15) folgt

$$h_2 - h_1 = \frac{1}{2}(c_1^2 - c_2^2) = \frac{1}{2}(c_1 - c_2)(c_1 + c_2) =$$

$$= \frac{1}{2}(p_2 - p_1)\left(\frac{A}{\dot{m}}\, c_1 + \frac{A}{\dot{m}}\, c_2\right)$$

Daraus mit Gl. (9.4-14) die *Rankine-Hugoniot*-Beziehung:

$$\boxed{h_2 - h_1 = \frac{1}{2}(p_2 - p_1)\left(\frac{1}{\rho_1} + \frac{1}{\rho_2}\right) = \frac{1}{2}(p_2 - p_1)(v_1 + v_2)} \quad (9.4\text{-}19)$$

Sie verknüpft die Zustandsgrößen vor und hinter dem Stoß; beim Stoßvorgang wird keine quasistatische Zustandsänderung durchlaufen.

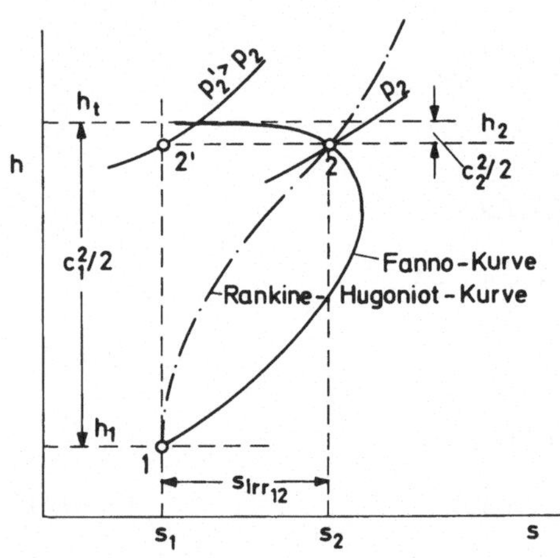

Bild 9.14. Senkrechter Verdichtungsstoß im Mollier h,s-Diagramm. ①: Zustand vor dem Stoß; ②: Zustand nach dem Stoß; ②': Zustand, der bei isentroper Verdichtung ①→②' die gleiche Geschwindigkeit $c_{2'} = c_2$ ergibt

Folgerungen aus Bild 9.14:

1. Die sprunghafte Erhöhung des Druckes $p_1 \to p_2$ und der Dichte $\rho_1 \to \rho_2$ ist mit einer sprunghaften Abnahme der Geschwindigkeit verbunden.
2. Der Verdichtungsstoß ist ein irreversibler Prozeß ($s_{irr\,12} > 0$).
3. Die Nichtumkehrbarkeit des Verdichtungsstoßes hat einen Druckverlust $p_2' - p_2$ zur Folge (Vergleich der isentropen Verdichtung ① → ②' mit der Stoßverdichtung ① → ②).

9.4.3 Schwacher Stoß; Schallgeschwindigkeit

Für schwache Stöße rückt der Endzustand ② auf der Rankine-Hugoniotkurve dicht an den Ausgangszustand ①.
Mit $h_2 = h_1 + \Delta h$; $p_2 = p_1 + \Delta p$; $v_2 = v_1 + \Delta v$ wird aus Gl. (9.4-19): $\Delta h = \Delta p \cdot v_1 + \frac{1}{2}\Delta p\, \Delta v$.

Für hinreichend kleines Δv wird das zweite Glied auf der rechten Seite vernachlässigbar klein, d.h.:

$$\Delta h = v_1 \Delta p \text{ (für schwache Stöße)} \qquad (9.4\text{-}19a)$$

Für hinreichend kleine Änderung der Zustandsgrößen kann die Zustandsänderung ① → ② als quasistatisch angesehen werden.

Allgemein gilt für eine beliebige quasistatische Zustandsänderung: $dh - vdp = Tds$. Vergleich mit Gl. (9.4-19a) zeigt, daß für hinreichend schwache Stöße gilt

$$T\Delta s = T(s_2 - s_1) = \Delta h - v_1 \Delta p = 0, \qquad (9.4\text{-}20)$$

d.h. für schwache Stöße fällt die Rankine-Hugoniotkurve mit der Isentropen zusammen, s. Bild 9.14.

Aus Gl. (9.4-16) wird für $\rho_2 = \rho_1 + \Delta\rho$

$$\Delta p = \rho_1 c_1^2 \left(1 - \frac{c_2}{c_1}\right) = \rho_1 c_1^2 \left(1 - \frac{\rho_1}{\rho_2}\right) = \frac{\rho_1}{\rho_1 + \Delta\rho}\, c_1^2\, \Delta\rho,$$

d. h. für hinreichend kleines $\Delta\rho$ und bei Verwendung von Gl. (9.4-19a) und (9.4-20)

$$\boxed{c_1^2 = \frac{\Delta p}{\Delta\rho} = \left(\frac{\partial p}{\partial\rho}\right)_s} \qquad (9.4\text{-}21)$$

Gl. (9.4-21) stellt die Ausbreitungsgeschwindigkeit schwacher Druckwellen (Schallgeschwindigkeit) dar.

9.5 Arbeitsprozesse mit adiabater Expansion oder Kompression

1. Hauptsatz für stationäre Fließprozesse mit quasistatischer Zustandsänderung. Änderung der äußeren Energie vernachlässigbar:

$$\overset{0}{\cancel{q_{12}}} + w_{t_{12}} = h_2 - h_1 + \overset{0}{\cancel{\left(e_{a_2} - e_{a_1}\right)}}$$

$$\boxed{w_{t_{12}} = h_2 - h_1} \qquad (9.5\text{-}1)$$

2. Hauptsatz: $\Delta s = s_2 - s_1 = \overset{0}{\cancel{s_{aust\,12}}} + s_{irr\,12}$

$$\boxed{s_{irr\,12} = s_2 - s_1} \qquad (9.5\text{-}2)$$

Gl. (5.9-1) und (5.9-2):

$$\int_1^{2 \,(\mathrm{ad})} T ds = h_2 - h_1 - \int_1^{2 \,(\mathrm{ad})} v dp = \overset{0}{\cancel{q_{12}}} + w_{R_{12}} \qquad (9.5\text{-}3)$$

reversibel-adiabat (s = konst):

$$w_{t_{12}'} = h_2' - h_1 = \int_1^{2' \,(\mathrm{s})} v dp \qquad (9.5\text{-}3a)$$

technische Arbeit und Reibungsarbeit bei polytroper Zustandsänderung

Bei quasistatischer polytroper Zustandsänderung mit konstanten n, m, k, ν folgt aus Gl. (9.5-1) mit Gl. (9.1-9), (9.1-10) und (5.11-20), (3.5-25)

$$w_{t_{12}} = h_2 - h_1 = \nu \cdot \int_1^{2 \,(\mathrm{pol})} v dp = \nu \frac{n}{n-1} p_1 v_1 \left[\left(\frac{p_2}{p_1}\right)^{\frac{n-1}{n}} - 1\right] \qquad (9.5\text{-}4)$$

$$w_{R_{12}} = \int_1^{2 \,(\mathrm{pol})} T ds = (\nu - 1) \cdot \int_1^{2 \,(\mathrm{pol})} v dp =$$

$$(\nu - 1) \frac{n}{n-1} p_1 v_1 \left[\left(\frac{p_2}{p_1}\right)^{\frac{n-1}{n}} - 1\right] \qquad (9.5\text{-}5)$$

9.6 Isotherme Kompression (bzw. Expansion)

Arbeit bei isothermer Zustandsänderung

Quasistatische Zustandsänderung; Änderung der äußeren Energie vernachlässigt. Gl. (5.8-3) und (5.9-2)

$$T ds = \partial q + \partial w_R = dh - v dp$$

$$\int_1^{2 \,(\mathrm{T})} T ds = T(s_2 - s_1) = q_{12} + w_{R_{12}} = h_2 - h_1 - \int_1^{2 \,(\mathrm{T})} v dp \qquad (9.6\text{-}1)$$

1. Hauptsatz für stationäre Fließprozesse (Gl. (5.11-4))

$$q_{12} + w_{t_{12}} = h_2 - h_1$$

$$\boxed{\int_1^{2 \,(\mathrm{T})} v dp = w_{t_{12}} - w_{R_{12}} = h_2 - h_1 - T(s_2 - s_1)} \qquad (9.6\text{-}2)$$

speziell für id. Gas nach Gl. (5.11-18)

$$\int_1^2 {}^{(T)} v\,dp = RT \ln \frac{p_2}{p_1} \qquad (9.6\text{-}2a)$$

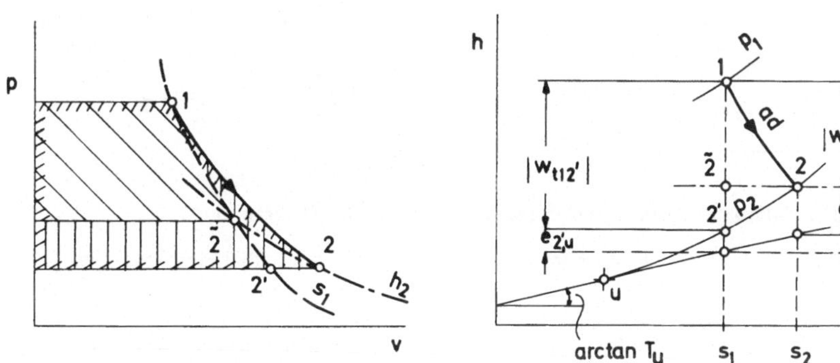

Bild 9.15. Adiabater Expansionsprozeß im p,v- und h,s-Diagramm

Flächen im p,v-Diagramm: $-w_{t_{12}} = h_1 - h_2 = h_1 - h_{\tilde{2}} = -\int_1^{\tilde{2}} {}^{(s)} v\,dp$,

: $w_{R_{12}}$, $-\int_1^2 v\,dp = -w_{t_{12}} + w_{R_{12}}$ vgl. hierzu Bild 5.13 .

Zur Darstellung der Reibungsarbeit im h,s-Diagramm vgl. Bild 9.4.

①→②: adiabate Expansion; $e_{1,u}$ bzw. $e_{2,u}$ Exergie des Gases vor bzw. nach der Expansion;

$e_{v_{12}}$: Exergieverlust der Expansion

①→②̃: isentrope Expansion mit gleicher technischer Arbeit $w_{t_{1\tilde{2}}} = w_{t_{12}}$

①→②': isentrope Expansion auf den gleichen Enddruck $p_2' = p_2$; die Exergie $e_{2',u}$ nach der Expansion ist kleiner als $e_{2,u}$

$w_{t_{12'}} = h_2' - h_1 = \int_1^{2'} {}^{(s)} v\,dp$: technische Arbeit bei isentroper Expansion

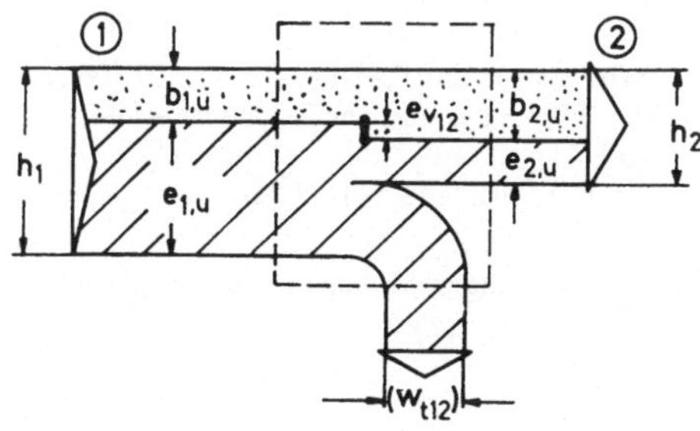

Bild 9.16

Exergie-Anergie-Flußbild eines adiabaten Expansionsprozesses ① bzw. ② Zustand vor bzw. nach der Expansion

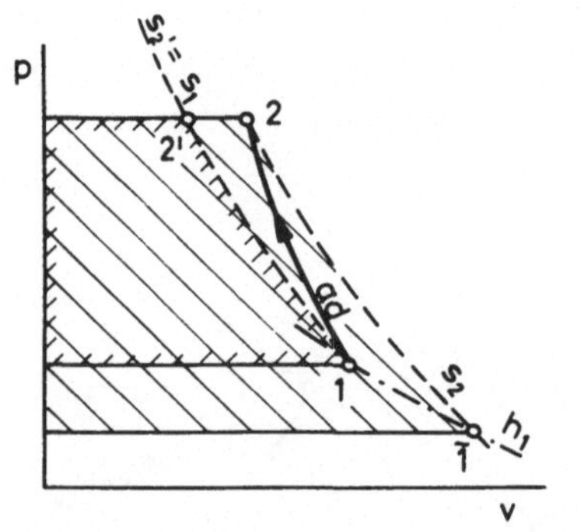

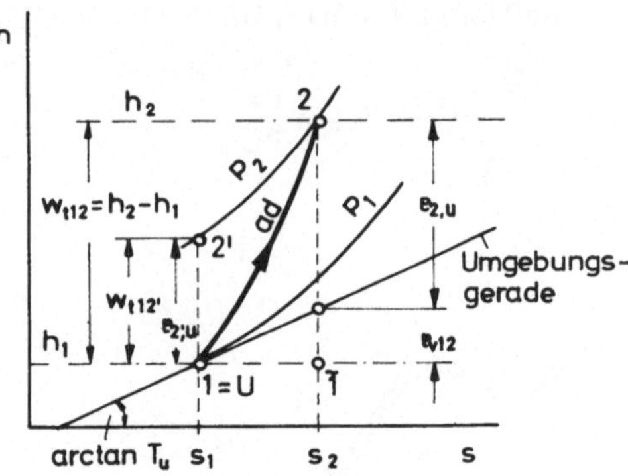

Bild 9.17. Adiabater Kompressionsprozeß im p,v- und h,s-Diagramm

$w_{t_{12}} = h_2 - h_1 = \int_1^2 v\,dp + w_{R_{12}}$: technische Arbeit des adiabaten Prozesses

$w_{t_{12'}} = h_2' - h_1 = \int_1^{2'}{}^{(s)} v\,dp$: technische Arbeit bei isentroper Kompression auf den gleichen Enddruck $p_2' = p_2$

Die Exergie $e_{2,u}$ ist (wegen hoher Endtemperatur T_2) größer als $e_{2,u}'$.
$e_{v_{12}}$: Exergieverlust des adiabaten Prozesses

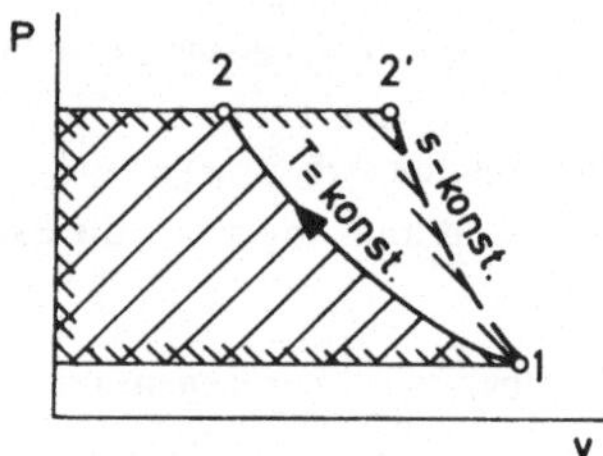

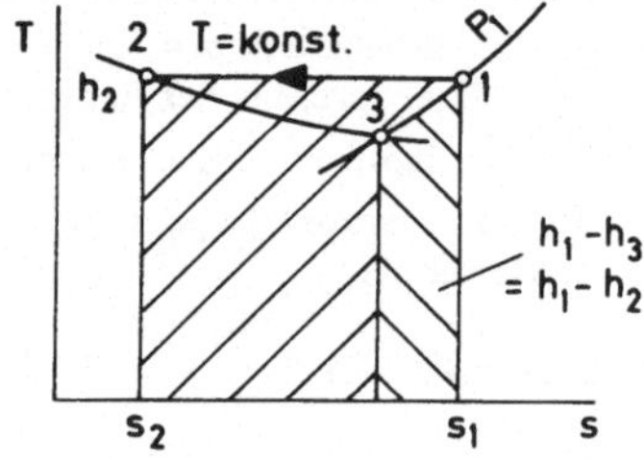

Bild 9.18. Isotherme Kompression im p,v- und T,s-Diagramm

$\int_1^2{}^{(T)} v\,dp = T(s_1 - s_2) - (h_1 - h_2)$; im T,s-Diagramm als Differenz des Rechtecks $T(s_1 - s_2)$ und der Fläche unter der Isobaren $\int_3^1{}^{(p_1)} T\,ds = h_1 - h_3 = h_1 - h_2$.

$\int_1^{2'}{}^{(s)} v\,dp$ bei isentroper Verdichtung auf den gleichen Enddruck $p_2' = p_2$ ist wesentlich größer als $\int_1^2{}^{(T)} v\,dp$

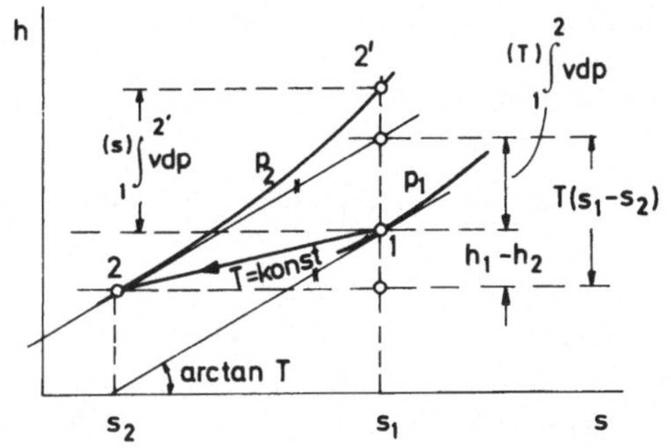

Bild 9.19 Isotherme Kompression im h, s-Diagramm. $^{(T)}\int_1^2 vdp$ erhält man als senkrechten Abstand des Punktes ① zur Tangente an die Isobare im Punkt ②. Im Vergleich zu $^{(T)}\int_1^2 vdp$ ist auch $^{(s)}\int_1^{2'} vdp$ für die isentrope Verdichtung eingezeichnet.

Bošnjaković [4] S. 334–336

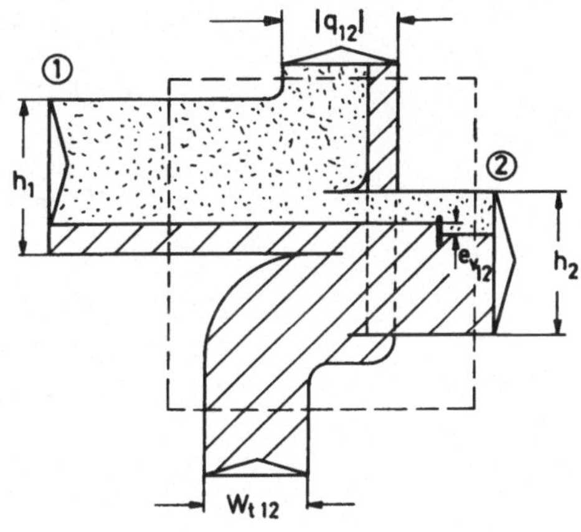

Bild 9.20
Exergie-Anergie-Flußbild der isothermen Kompression

9.7 Mehrstufige Kompression

Technische Aufgabe: Verdichtung vom Anfangsdruck p_1 auf vorgegebenen Enddruck p_2;

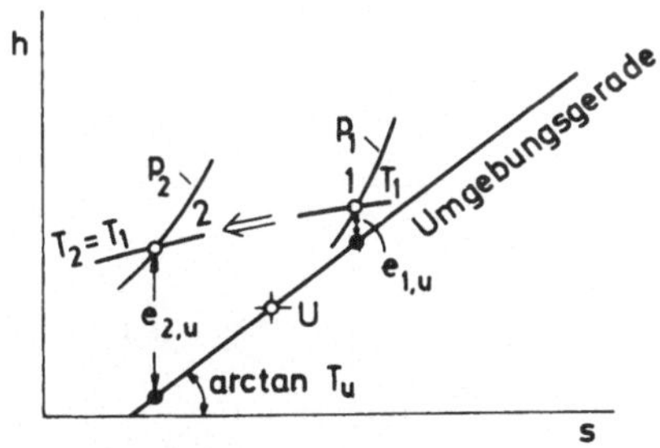

Bild 9.21
Verdichtungsprozeß im h, s-Diagramm

Endtemperatur oft unwesentlich; Annahme: durch Wärmeaustausch mit der Umgebung nimmt der komprimierte Stoff wieder die Ausgangstemperatur T_1 an.

1. Hauptsatz für stationäre Fließprozesse mit Totalenthalpie $h_t = h + e_a$

$$q_{12} + w_{t12} = h_{t2} - h_{t1} \qquad (9.7\text{-}1)$$

2. Hauptsatz (Wärmeaustausch nur mit der Umgebung):

$$\Delta s = s_2 - s_1 = s_{aust\,12} + s_{irr\,12}$$

$$\Rightarrow s_{irr\,12} = s_2 - s_1 - \int_1^2 \frac{\partial q}{T_u} = s_2 - s_1 - \frac{q_{12}}{T_u} \qquad (9.7\text{-}2)$$

Die Wärmeübertragungsverluste sind dabei in die Entropieerzeugung eingeschlossen.
Aus Gl. (9.7-1) und (9.7-2) folgt mit (5.15-8b)

$$w_{t\,12} = h_{t2} - h_{t1} - q_{12} = h_{t2} - h_{t1} + T_u s_{irr\,12} - T_u(s_2 - s_1) = e_{2,u} - e_{1,u} + e_{v12} \qquad (9.7\text{-}3)$$

Exergie $e_{1,u}$ bzw. $e_{2,u}$ des Anfangszustandes ① bzw. des Endzustandes ② sind durch Angabe von p_1, T_1 bzw. $p_2, T_2 = T_1$ festgelegt. Die Art der Prozeßführung bestimmt den Exergieverlust und damit den Arbeitsaufwand.

Für quasistatische Zustandsänderung (Gl. 5.9-2): $\int_1^2 T ds = q_{12} + w_{R\,12}$ folgt mit Gl. (9.7-2)

$$\Rightarrow e_{v12} = T_u s_{irr\,12} = \int_2^1 T ds - T_u(s_1 - s_2) + w_{R12} \qquad (9.7\text{-}4)$$

Exergieverlust bei Kompression

$$\boxed{e_{v_{12}} = (s_1 - s_2)\left\{T_{m_{21}} - T_u + \frac{w_{R_{12}}}{s_1 - s_2}\right\}} \qquad (9.7\text{-}5)$$

mit der *thermodynamischen Mitteltemperatur*

Thermodynamische Mitteltemperatur

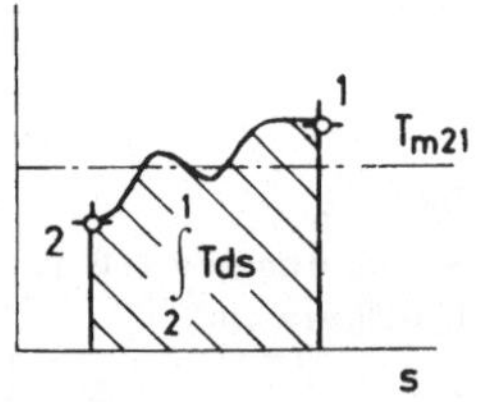

$$\boxed{T_{m_{21}} = \frac{\int_2^1 T ds}{s_1 - s_2}} \qquad (9.7\text{-}6)$$

Bild 9.22
Thermodynamische Mitteltemperatur im T, s-Diagramm

Wird bei Verdichtungsvorgängen Wärme mit der Umgebung ausgetauscht, ist der Arbeitsaufwand umso kleiner, je kleiner die Reibungsarbeit ist und je weniger sich die thermodynamische Mitteltemperatur von der Umgebungstemperatur unterscheidet.

Beispiel: Zweistufige isentrope Verdichtung eines idealen Gases konstanter spezifischer Wärme mit Rückkühlung bei p = konst auf die Ausgangstemperatur T_1.

Mitteltemperatur $T_{m_{51}}$ am kleinsten, wenn $s_1 - s_3 = s_3 - s_5$ gewählt wird. Damit folgt für den günstigsten Zwischendruck p_z (Entropie nach Gl. (5.8-4) mit $T_1 = T_3 = T_5$)

$$\frac{p_z}{p_1} = \frac{p_5}{p_z} \quad \text{bzw.} \quad \frac{p_z}{p_1} = \sqrt{\frac{p_5}{p_1}}$$

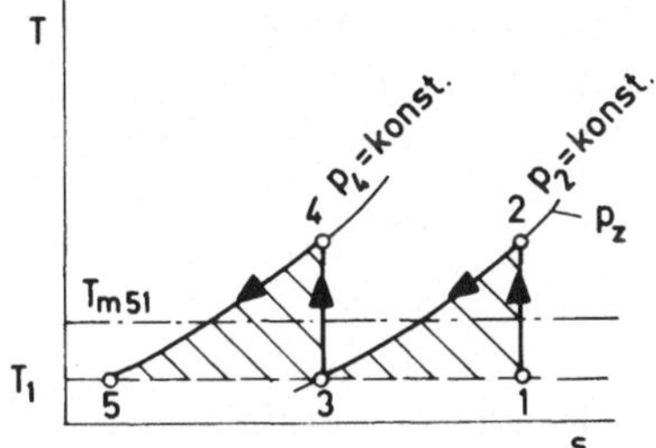

Bild 9.23

Thermodynamische Mitteltemperatur bei zweistufiger isentroper Verdichtung

10 Energieumwandlung: Wärme-Arbeit

10.1 Thermodynamische Mitteltemperatur beim isobaren Wärmeaustausch (Mittlere Wärmezufuhrtemperatur bzw. Wärmeabfuhrtemperatur)

Beliebiger, aber reibungsfreier Kreisprozeß ($w_R = 0$).

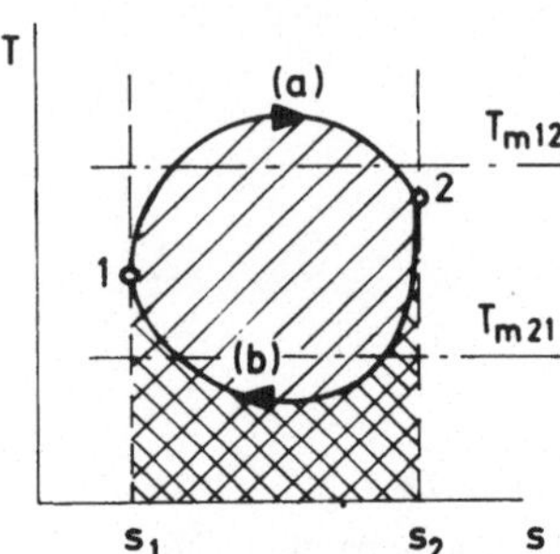

Bild 10.1
Mittlere Wärmezufuhrtemperatur bzw. -abfuhrtemperatur T_{m12} bzw. T_{m21} im T,s-Diagramm

: $q_{12} = \int_1^{2\,(a)} Tds$: zugeführte Wärme

: $q_{21} = \int_2^{1\,(b)} Tds$: abgeführte Wärme

Nach Gl. (9.7-6) und (5.9-2) gilt für die Wärmezufuhr q_{12}, Bild 10.1.

Mittlere Temperatur der Wärmezufuhr bzw. -abfuhr

Wärmezufuhr: $$q_{12} = \int_1^{2\,(a)} Tds = T_{m_{12}}\,(s_2 - s_1) > 0$$

Wärmeabfuhr: $$q_{21} = \int_2^{1\,(b)} Tds = T_{m_{21}}\,(s_1 - s_2) < 0$$

$T_{m_{12}}$, $T_{m_{21}}$, s_2 und s_1 beschreiben die Grenzen eines Carnotprozesses mit der gleichen Wärmeaufnahme, Wärmeabgabe und Arbeitsleistung wie der betrachtete Prozeß.

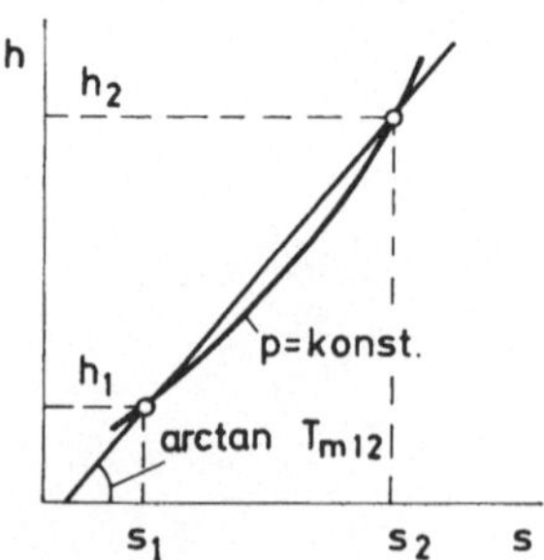

Bild 10.2
Mittlere Wärmezufuhrtemperatur T_{m12} bei isobarer Wärmezufuhr; Darstellung im h,s-Diagramm

Wärmeaustausch erfolgt technisch meist bei (nahezu) konstantem Druck (einfache Apparate).

Isobare Zustandsänderung; ausgehen von Gl. (9.7-6) und (5.9-1)

$$T_{m_{12}}(s_2 - s_1) = \int_{1}^{2} {}^{(p)} T ds = h_2 - h_1 - \int_{1}^{2} {}^{(p)} v dp \qquad (10.1\text{-}1)$$

für p = konst: vdp = 0

$$\boxed{T_{m_{12}} = \frac{h_2 - h_1}{s_2 - s_1}} \quad (p = \text{konst}) \qquad (10.1\text{-}2)$$

Aus Werkstoffgründen kann eine maximale Prozeßtemperatur T_{max} nicht überschritten werden.

Vergleich der Mitteltemperatur bei idealem Gas und Dampf.

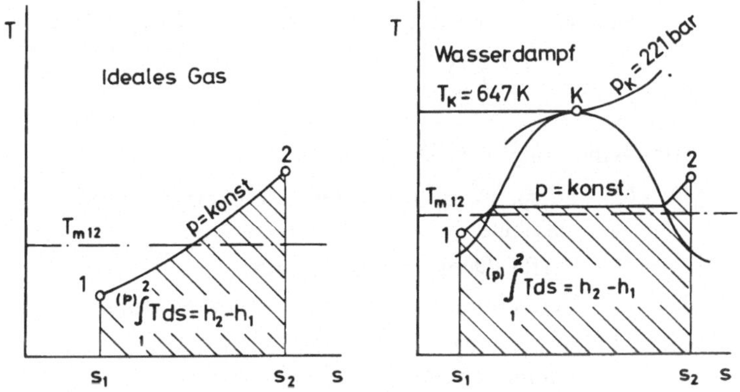

Bild 10.3 Vergleich der Wärmezufuhr im T,s-Diagramm eines idealen Gases und im T,s-Diagramm des Wasserdampfs

Bei vorgegebener Maximaltemperatur T_2 und vorgegebener Enthalpiedifferenz $h_2 - h_1$ liegt die Mitteltemperatur beim Dampf höher als beim idealen Gas. Je höher der Druck des Dampfes, umso höher ist die Mitteltemperatur, vgl. Bild 10.3.

Bošnjaković [4] S. 157f.

10.2 Dampfkraftprozeß

10.2.1 Einfache Dampfkraftanlage

Einfache Dampfkraftanlage

Notwendige Aggregate einer Dampfkraftanlage

1. Dampferzeuger
2. Expansionsmaschine (Turbine)
3. Kondensator
4. Kompressionsmaschine (Pumpe)

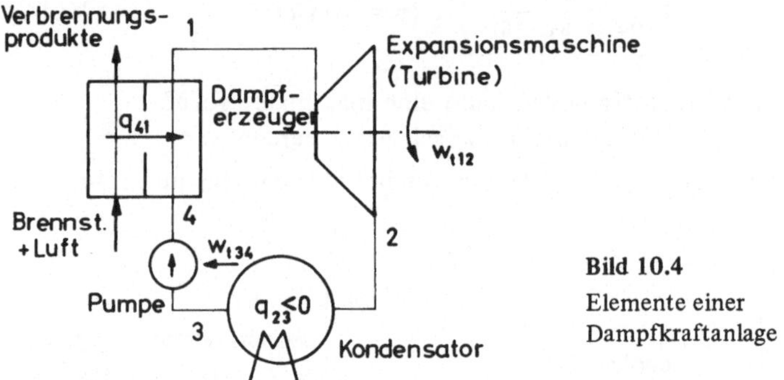

Bild 10.4
Elemente einer Dampfkraftanlage

Zustandsänderungen im Dampfkreislauf:

① → ② Entspannung des Dampfes in einer Expansionsmaschine

② → ③ Verflüssigung im Kondensator

③ → ④ Verdichtung in der Kompressionsmaschine (Pumpe)

④ → ① Aufheizung und Verdampfung des Wassers im Dampferzeuger.

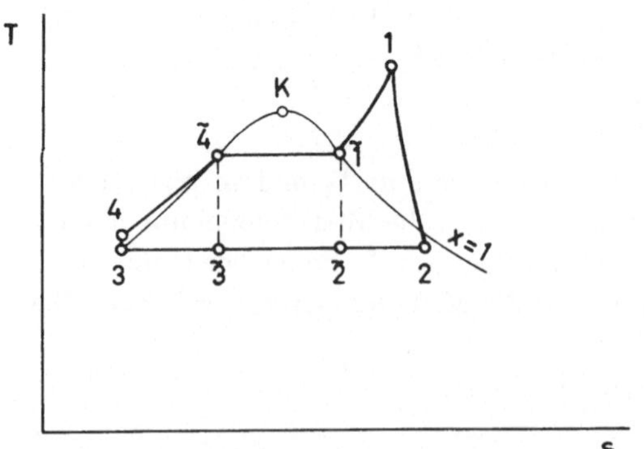

Bild 10.5. Zustandsänderungen beim Dampfkreislauf im T,s-Diagramm des Wasserdampfs

Der denkbare Carnotprozeß ①̃ → ②̃ → ③̃ → ④̃, Bild 10.5, hat folgende Nachteile:

1. Die Kompression ③̃ → ④̃ des Naßdampfes würde mehr Arbeit erfordern als die Kompression in der Pumpe ③ → ④.
2. Bei schneller Kompression ③̃ → ④̃ des Naßdampfes würde nur der Dampfanteil komprimiert und erhitzt, und der Flüssigkeitsanteil bliebe zunächst kalt. Angleichung der Temperaturen des Dampf- und Flüssigkeitsanteils durch irreversiblen Wärmeübergang.
3. Nach der Expansion ①̃ → ②̃ würde der Dampf einen hohen Flüssigkeitsanteil aufweisen, wodurch die Turbinenschaufeln durch Erosion zerstört werden könnten.

Zur Vermeidung dieser Nachteile wird beim wirklichen Dampfkraftprozeß

1. der Dampf im Kondensator vollständig verflüssigt (Zustand ③), so daß als Kompressionsmaschine eine Flüssigkeitspumpe verwendet werden kann.
2. der Dampf im Dampferzeuger soweit überhitzt (Zustand ①), daß sich nach der Expansion ein Dampfzustand ② mit geringer Dampffeuchte einstellt.

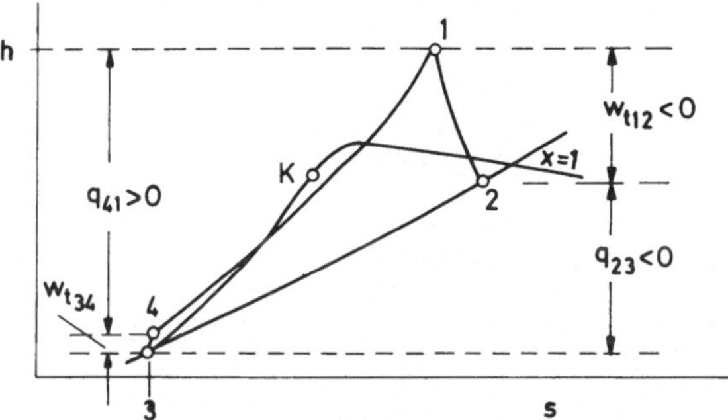

Bild 10.6. Arbeits- und Wärmeumsatz einer einfachen Dampfkraftanlage, dargestellt im h,s-Diagramm. Die Pumpenarbeit w_{t34} ist in Wirklichkeit noch kleiner als im Bild dargestellt

Bei Dampferzeugern, die mit fossilen Brennstoffen beheizt werden, treten die größten Exergieverluste im Dampferzeuger selbst auf und zwar

a) durch die Irreversibilität des Verbrennungsvorganges
b) durch den nichtumkehrbaren Wärmeübergang von den heißen Verbrennungsprodukten auf den Dampf.

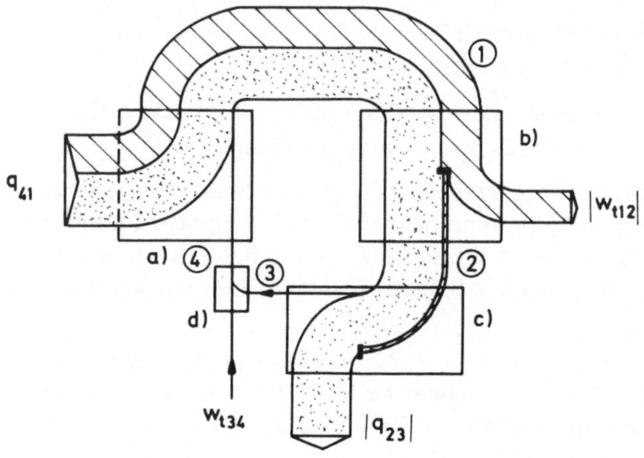

Bild 10.7. Exergie-Anergie-Flußbild einer einfachen Dampfkraftanlage (Dampfkreislauf)

Exergie; Anergie

a) Dampferzeuger, dampfseitig, b) Turbine, c) Kondensator, d) Speisewasserpumpe

q_{41} an den Dampf übertragene Wärme
$|w_{t_{12}}|$ in der Turbine abgeführte Arbeit
$|q_{23}|$ im Kondensator abgeführte Wärme
$w_{t_{34}}$ Pumpenarbeit

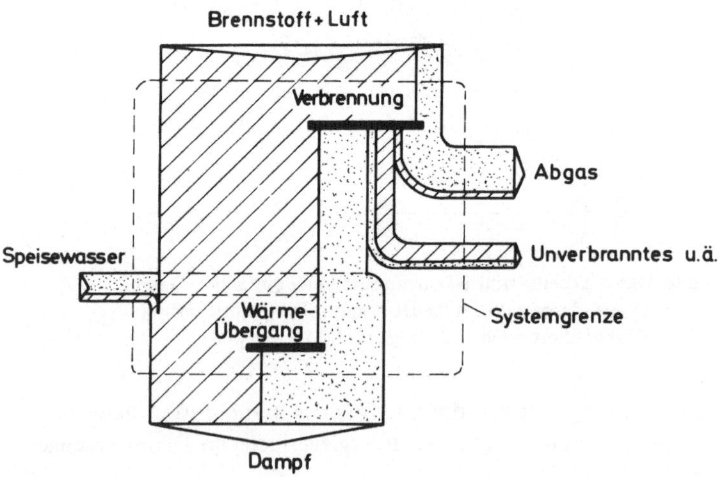

Bild 10.8. Exergie-Anergie-Flußbild eines Dampferzeugers. Die größten Exergieverluste treten bei der Verbrennung und bei der Wärmeübertragung von den Verbrennungsprodukten auf den Dampf auf

10.2.2 Zwischenüberhitzung

Bei der adiabaten Expansion von hohen Drücken (Zustand ① im T, s-Diagramm) auf den Kondensatordruck p_K würde man zu tief ins Naßdampfgebiet kommen (Zustand ②' mit zu hoher Dampffeuchte). Der Dampf wird daher nach der Expansion auf einen Zwischendruck p_Z noch einmal erhitzt (auf Zustand ③) bevor er in einer zweiten Turbine auf den Kondensatordruck (Zustand ④) expandiert.

Zwischenüberhitzung

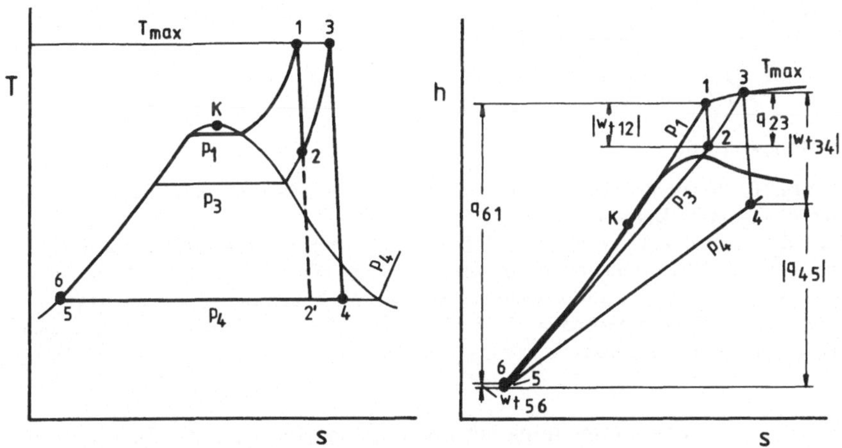

Bild 10.9. Zwischenüberhitzung im T,s- und h,s-Diagramm
$w_{t_{12}} < 0$ spez. Arbeit der Hochdruckturbine; $q_{23} > 0$ isobare spez. Wärmezufuhr im Zwischenüberhitzer; $w_{t_{34}} < 0$ spez. Arbeit der Niederdruckturbine; $q_{45} < 0$ spez. Kondensationswärme; $w_{t_{56}} > 0$ spez. Arbeit der Speisewasserpumpe; $q_{61} > 0$ spez. Wärmezufuhr zur Verdampfung und Überhitzung

10.2.3 Speisewasservorwärmung

Je höher der Druck, umso mehr schwindet der Vorteil der isobar-isothermen Wärmezufuhr im Naßdampfgebiet, weil der Anteil der nicht isothermen Flüssigkeitsaufheizung größer wird.

Speisewasser-vorwärmung

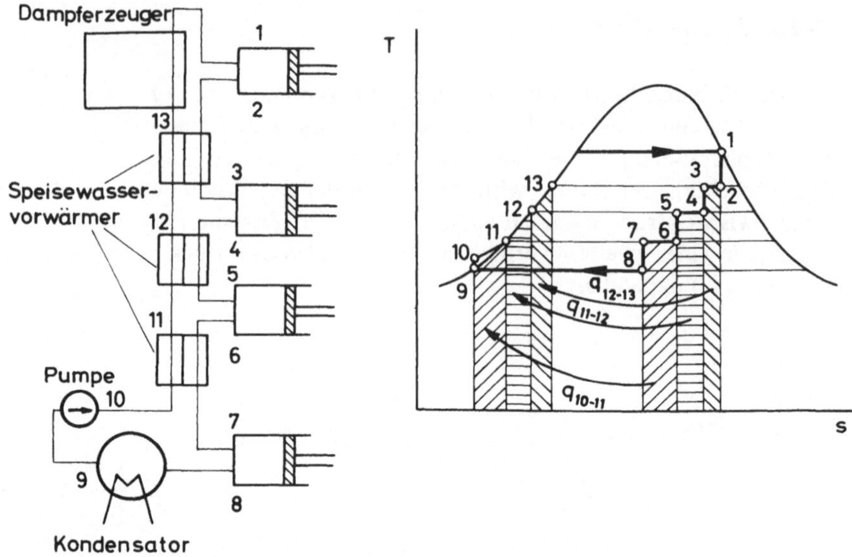

Bild 10.10. Prinzip der Speisewasservorwärmung; Schaltschema (linkes Bild) und Darstellung im T,s-Diagramm.
Nach der (isentropen) Expansion ①→② wird der Dampf isobar auf den Zustand ③ gebracht, dabei Wärme an das Speisewasser übertragen (Zustandsänderung des Speisewassers ⑫ → ⑬); daran schließt sich eine weitere Expansion ③→④ an, usw.
Weil sie den wirklichen Prozeß dem Carnotprozeß annähert, wird diese Maßnahme auch als *Carnotisieren* bezeichnet

Zur Vermeidung der hohen Dampffeuchten des Dampfstromes (z.B. im Zustand ⑦) werden in Dampfturbinenanlagen Teildampfströme abgezweigt und vollständig kondensiert nach folgendem Schema:

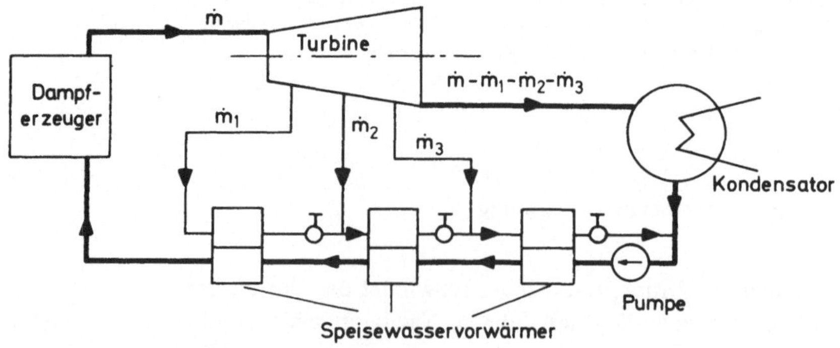

Bild 10.11. Schaltschema der Speisewasservorwärmung bei einer Dampfturbinenanlage

Bošnjaković [4] S. 163–170; *Baehr* [2] S. 372–399

10.3 Gasturbinenprozesse

10.3.1 Geschlossener Gasturbinenprozeß

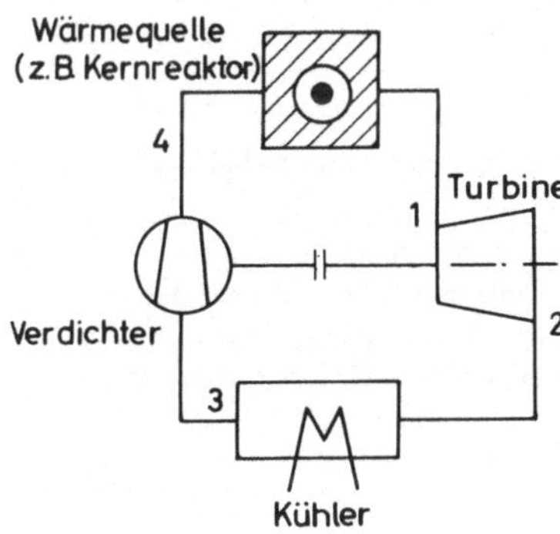

Bild 10.12

Schema einer geschlossenen einfachen Gasturbinenanlage

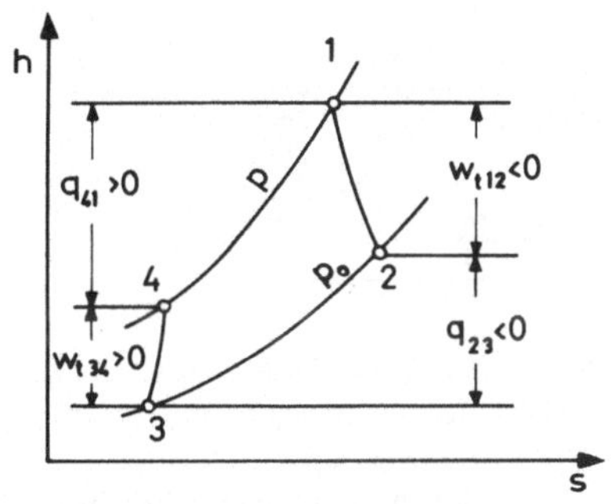

Bild 10.13

Wärme- und Arbeitsumsatz in einer geschlossenen Gasturbinenanlage.

$w_{t_{12}}$: Turbinenarbeit
q_{23}: im Kühler abgeführte Wärme
$w_{t_{34}}$: Verdichterarbeit
q_{41}: Wärmezufuhr
Nutzarbeit: $w_t = w_{t12} + w_{t34} < 0$

Geschlossener Gasturbinenprozeß

Zustandsänderungen des Arbeitgases:

① → ② Expansion in der Turbine
② → ③ Kühlung (nahezu isobar)
③ → ④ Verdichtung im Kompressor
④ → ① nahezu isobare Aufheizung

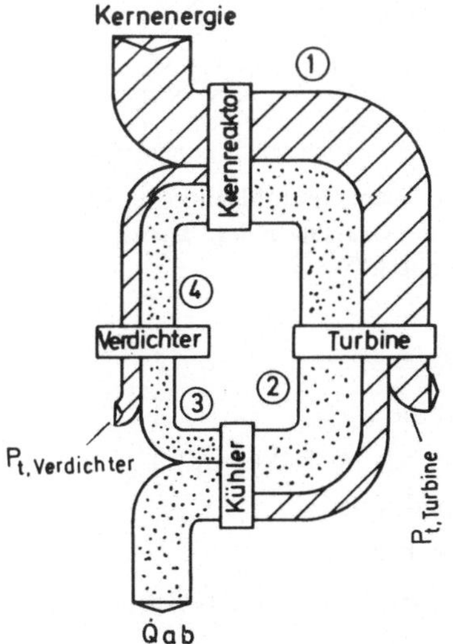

Bild 10.14

Exergie-Anergie-Flußbild einer einfachen geschlossenen Gasturbinenanlage

Exergie Anergie

Die Exergie des Arbeitsgases nach der Expansion geht im Kühler verloren.

$P_{t\,Verdichter}$ bzw. $P_{t\,Turbine}$: Verdichter- bzw. Turbinenleistung

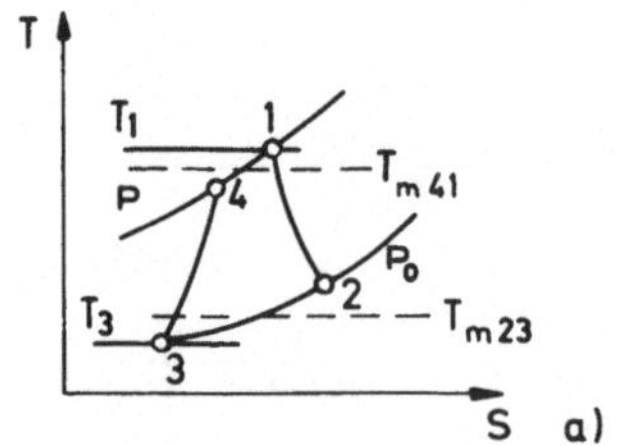

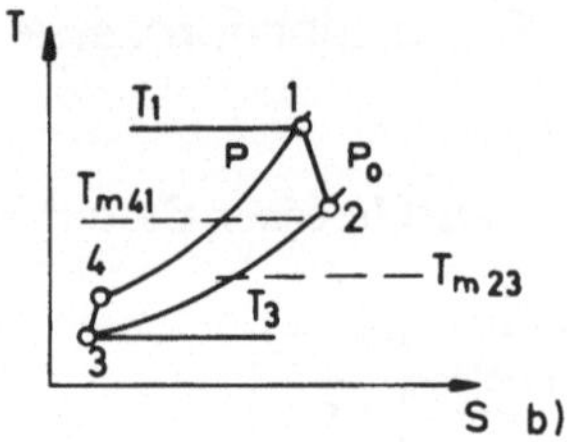

Bild 10.15. Einfluß der Druckverhältnisse p/p_0 bei gegebenem Temperaturverhältnis T_1/T_3, dargestellt im T,s-Diagramm

a) Großes Druckverhältnis p/p_0: günstige thermodynamische Mitteltemperaturen $T_{m_{41}}$ und $T_{m_{23}}$, aber ungünstiger Einfluß der verlustbehafteten Expansion und Kompression ($|w_{t_{12}}|$ nur wenig größer als $|w_{t_{34}}|$)

b) Kleines Druckverhältnis p/p_0: der Einfluß der Verluste bei der Expansion und Kompression macht sich nicht so stark bemerkbar, dafür sind die thermodynamischen Mitteltemperaturen wesentlich ungünstiger

10.3.2 Geschlossener Gasturbinenprozeß mit Wärmeaustausch

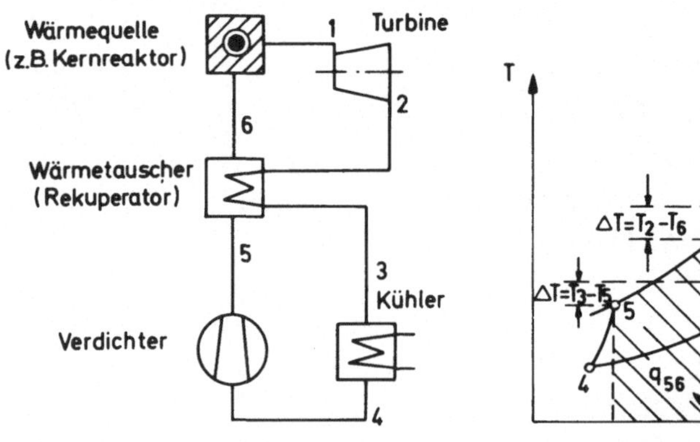

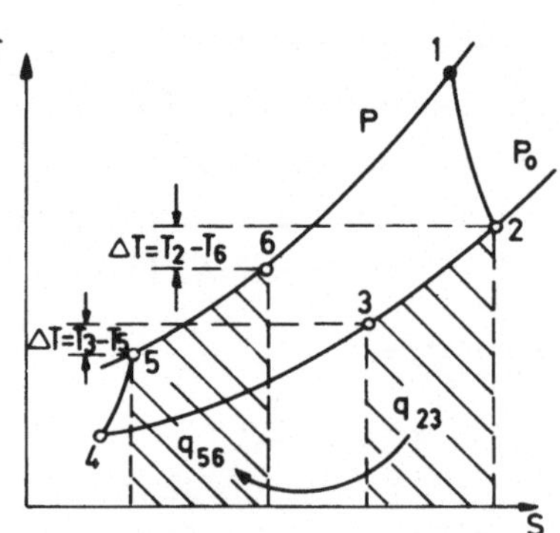

Bild 10.16. Schaltschema und T,s-Diagramm eines geschlossenen Gasturbinenprozesses mit Wärmeaustausch. Bei diesem Prozeß wird die Exergie des Gases nach der Expansion (Zustand ②) zur Vorwärmung des verdichteten Gases benutzt, ⑤→⑥

Geschlossener Gasturbinenprozeß mit Rekuperator

Zustandsänderungen des Arbeitsgases:

① → ② Expansion in der Turbine
② → ③ (isobarer) Wärmeaustausch im Rekuperator
③ → ④ Kühlung des Arbeitsmediums
④ → ⑤ Kompression im Verdichter
⑤ → ⑥ Vorwärmung des Arbeitsmediums im Rekuperator
⑥ → ① Aufheizung

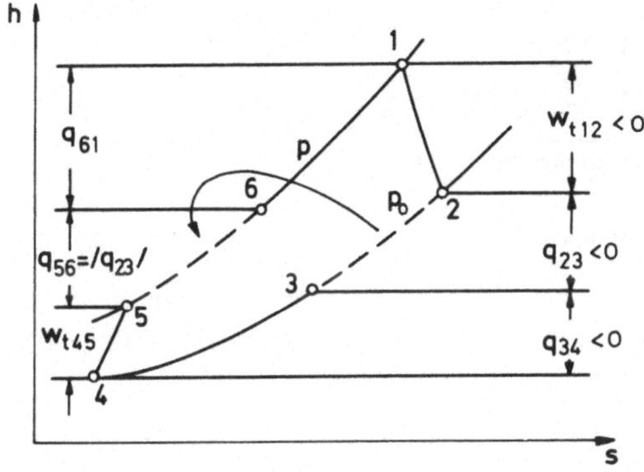

Bild 10.17
Geschlossener Gasturbinenprozeß mit Wärmeaustausch; Darstellung im h,s-Diagramm

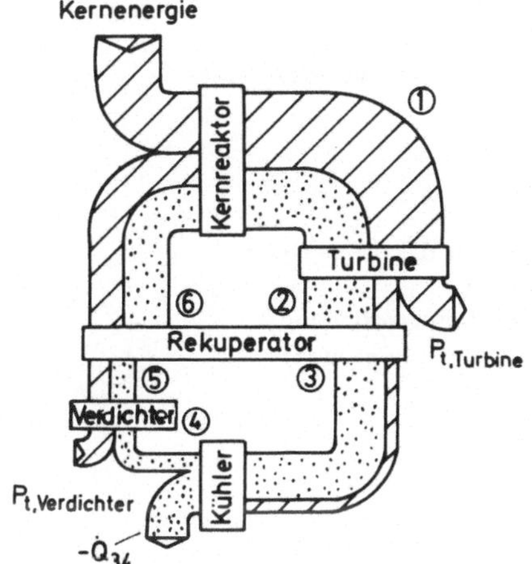

Bild 10.18
Exergie-Anergie-Flußbild eines geschlossenen Gasturbinenprozesses mit Wärmeaustausch

Exergie Anergie

$P_{t\,\mathrm{Verdichter}}$ bzw. $P_{t\,\mathrm{Turbine}}$: Verdichter bzw. Turbinenleistung

10.3.3 Einfacher offener Gasturbinenprozeß

Einfacher offener Gasturbinenprozeß

Einfachste Bauweise einer Gasturbinenanlage.

Zustandsänderungen: ① → ② Verdichtung der Luft, ② → ③ Verbrennung des Brennstoffs mit der verdichteten Luft in einer Brennkammer, ③ → ④ Expansion der heißen Verbrennungsprodukte in der Turbine.

Vorteile einer offenen Gasturbinenanlage:

1. Einfache, kompakte Bauweise; dadurch besonders zur Notstromerzeugung (mobile Anlagen) oder zur Spitzenlastdeckung geeignet oder zum Flugzeugantrieb (Strahltriebwerk).
2. Abgase relativ arm an CO und Kohlenwasserstoffen.

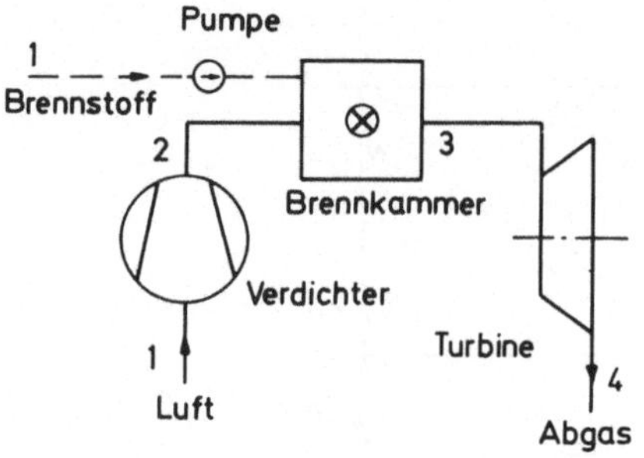

Bild 10.19
Schaltschema einer einfachen offenen Gasturbinenanlage

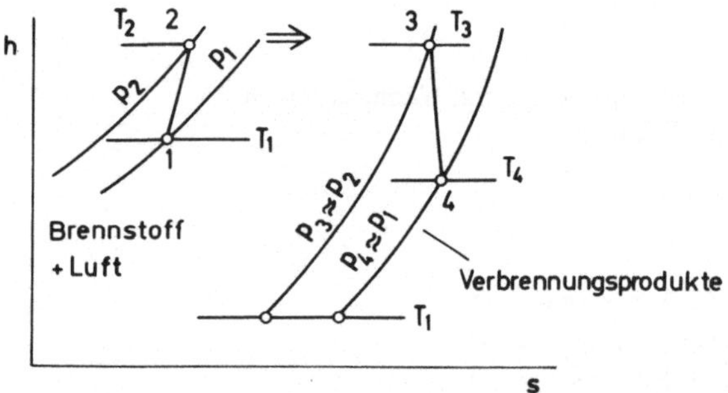

Bild 10.20. Vereinfachte Darstellung des offenen Gasturbinenprozesses im h,s-Diagramm.
Links oben: Zustandsgrößen von Brennstoff + Luft; rechts: Zustandsgrößen der Verbrennungsprodukte

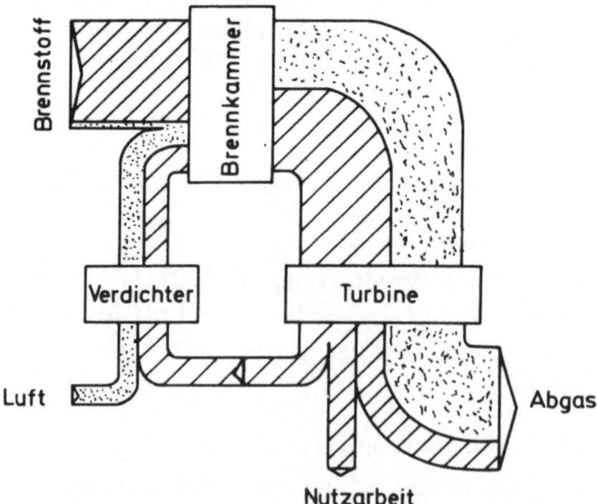

Bild 10.21
Exergie-Anergie-Flußbild eines offenen Gasturbinenprozesses
Exergie
Anergie

Nachteile:

1. Verbrennung mit hohem Oxidationsverhältnis λ notwendig, um Turbineneintrittstemperatur nicht zu hoch werden zu lassen; dadurch besonders hohe Exergieverluste bei der Verbrennung.
2. Der relativ hohe Exergieanteil der Abgase bleibt ungenutzt.
3. Wegen 1. und 2. geringer Wirkungsgrad.

Durch das hohe Oxidationsverhältnis (etwa $\lambda = 4$) sind die thermodynamischen Zustandsgrößen der Verbrennungsprodukte nur wenig verschieden von denen der Luft; daher wird häufig der folgende Ersatzprozeß betrachtet: *Ersatzprozeß*

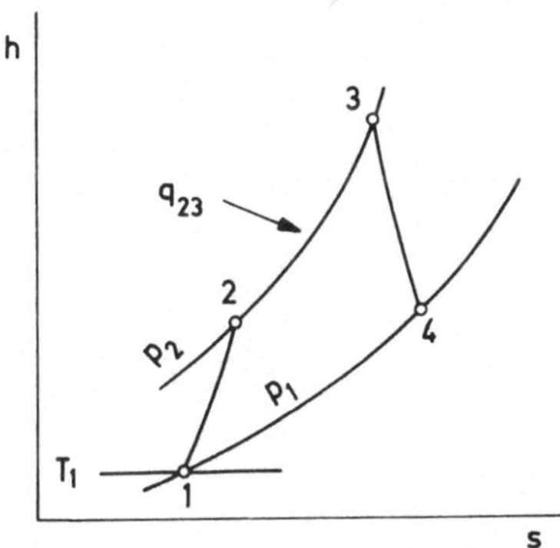

Bild 10.22
Ersatzprozeß einer offenen Gasturbinenanlage im h,s-Diagramm der Luft. Der Verbrennungsvorgang ist durch eine isobare Wärmezuführ q_{23} ersetzt

10.3.4 Prinzip des Strahltriebwerkes

Strahltriebwerk

1. Als Flugzeugantrieb (Strahltriebwerk) ist die Gasturbine besonders wirtschaftlich.
2. In der Energiebilanz muß die kinetische Energie des Arbeitsgases berücksichtigt werden.
3. Nach dem Impulssatz ist der spezifische Schub gleich der Differenz der Aus- und Eintrittsgeschwindigkeiten:

$$f = \frac{F}{\dot{m}} = c_5 - c_0 .$$

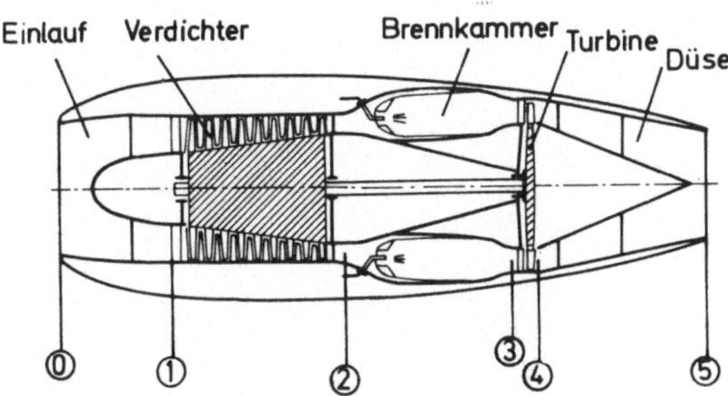

Bild 10.23. Schema eines Strahltriebwerkes

Zustandsänderungen:

⓪ → ① Verzögerung der Luft im Einlauf (Diffusor) des Strahltriebwerks

① → ② Verdichtung

② → ③ Brennstoffzufuhr und Verbrennung

③ → ④ Expansion in der Turbine, die Turbinenleistung wird fast vollständig zum Antrieb des Verdichters verbraucht.

④ → ⑤ Beschleunigung des Arbeitsgases in der Expansionsdüse.

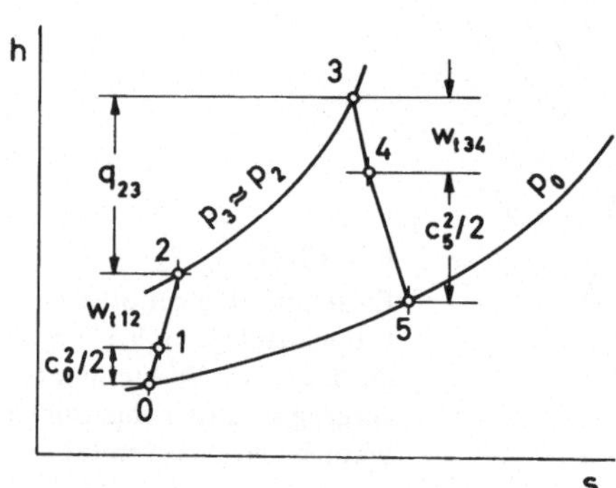

Bild 10.24

Ersatzprozeß eines Strahltriebwerkes, dargestellt im h,s-Diagramm der Luft. Die kinetische Energie in den Zustandspunkten ①, ②, ③ und ④ ist vernachlässigt. Der Verbrennungsvorgang wird durch isobare Wärmezufuhr q_{23} ersetzt.
$w_{t_{12}} + w_{t_{34}} \approx 0$

Bošnjaković [4] S. 159–163; *Baehr* [2] S. 399–412

Literaturverzeichnis

[1] American Institute of Physics Handbook, New York, London (1957)

[2] *Baehr, H. D.:* Thermodynamik, 3. Aufl., Berlin, Heidelberg, New York (1973)

[3] *Baehr, H. D.* und *Schwier, K.:* Die thermodynamischen Eigenschaften der Luft, Berlin, Göttingen, Heidelberg (1961)

[4] *Bošnjaković, F.:* Technische Thermodynamik I, 6. Aufl. Dresden und Leipzig (1972)

[5] *Bošnjaković, F.:* Technische Thermodynamik II, 5. Aufl. Dresden und Leipzig (1971)

[6] *Dibelius, G.:* Brennstoff-Wärme-Kraft, 15 (1963) Nr. 2. Febr.

[7] *Dzung, L. S.:* Z. angew. Math. Phys. (ZAMP) 6 (1955) Nr. 3

[8] *Dzung, L. S.* und *Rohrbach, W.:* BWK 13 (1961) Nr. 10, 5. Nov. S. 441 ff.

[9] *Grigull, U.:* Technische Thermodynamik, 3. Aufl., Berlin (1977)

[10] *Haase, R.:* Thermodynamik der Mischphasen, Berlin, Göttingen, Heidelberg (1956)

[11] *Haase, R.:* Thermodynamik der irreversiblen Prozesse, Darmstadt (1963)

[12] *Hála, E.* und *Boublik, T.:* Einführung in die statistische Thermodynamik, Braunschweig (1970)

[13] *Landolt-Börnstein:* Zahlenwerte und Funktionen, Bd. IV/4a, Berlin, Heidelberg (1967)

[14] *Loeffler, M. J.:* Zeitschrift Kältetechnik 20 (1968)

[15] *Perry, H.:* Chemical Engineers' Handbook, 5. Aufl., Düsseldorf (1973)

[16] *Pitzer, K. S.:* Journal American Chemical Society 77 (1955)

[17] *Planck, M.:* Thermodynamik, 10. Aufl., Berlin und Leipzig (1954)

[18] *Planck, M.:* Theorie der Wärmestrahlung, 6. Aufl., Leizpig (1966)

[19] *Plank, R.:* Handbuch der Kältetechnik II, Berlin, Göttingen, Heidelberg (1953)

[20] *Riedel, L.:* Chemie Ingenieur Technik 28 (1954)

[21] *Schäfer, K.:* Statistische Theorie der Materie Bd. I, Göttingen (1960)

[22] *Schmidt, E.:* Einführung in die technische Thermodynamik, 11. Aufl., Bd. 1: Einstoffsysteme, Berlin, Heidelberg, New York (1975)

[23] *Schmidt, E.:* Properties of Water and Steam in SI Units, Berlin, Heidelberg, New York (1969)

[23a] *Sonntag, R.* and *Van Wylen, G.:* Introduction to Thermodynamics: Classical and Statistical, New York (1971)

[24] *Wellnitz, K.:* Kombinatorik, Braunschweig (1968)

Sachwortverzeichnis